动力与照明实用技术

乔新国　余建华　编

中国水利水电出版社

内 容 提 要

本书共分五章，内容包括电气照明的基本知识、照明光照设计基本知识、动力与照明负荷计算、动力与照明装置供电、动力设备的控制等，每章的后面还附有思考题和习题。

本书可作为中等专业学校企业供电专业的教材，也可作城乡供用电专业及其它相近专业的教材或教学参考书，还可供从事建筑设计、安装以及从事工矿企业动力与照明设计、安装、维修工作的工程技术人员及技术工人参考。

图书在版编目（CIP）数据

动力与照明实用技术/乔新国，余建华编．—北京：中国水利水电出版社，1998（2023.6 重印）
ISBN 978 - 7 - 80124 - 057 - 6

Ⅰ．动⋯　Ⅱ．①乔⋯②余⋯　Ⅲ．①电力传动-基本知识②电气照明-基本知识　Ⅳ．TM92

中国版本图书馆 CIP 数据核字（2008）第 007055 号

书　　名	**动力与照明实用技术**
作　　者	乔新国　余建华　编
出版发行	中国水利水电出版社
	（北京市海淀区玉渊潭南路 1 号 D 座　　100038）
	网址：www.waterpub.com.cn
	E - mail：sales@mwr.gov.cn
	电话：（010）68545888（营销中心）
经　　售	北京科水图书销售有限公司
	电话：（010）68545874、63202643
	全国各地新华书店和相关出版物销售网点
排　　版	中国水利水电出版社微机排版中心
印　　刷	北京市密东印刷有限公司
规　　格	184mm×260mm　16 开本　10.75 印张　243 千字
版　　次	1998 年 6 月第 1 版　2023 年 6 月第 11 次印刷
印　　数	26101—28100 册
定　　价	**32.00 元**

前　　言

　　随着我国经济日益发展和社会物质文化生活水平的不断提高，各种不同类型的动力设备、照明器具也在工业生产、各类高层建筑和人们的日常生活中大量使用；人们对这个领域内的知识和技术的需求也日趋增长。这本书正是为了方便读者系统学习动力与照明有关知识和技术而编写的。

　　本书主要介绍电气照明与供电、动力设备供电与控制的基本知识和实用技术。通过本书的学习使读者掌握电气照明的基本知识与基本技能、电气照明设计的程序和方法；掌握动力设备的工作制、供电方式、控制电路；掌握动力与照明负荷计算、导线与电缆的选择和敷设方法等。

　　本书结合现行的动力与电气照明的有关规范，选用了较多的图表实例，注意贯彻我国新的标准与规范，对目前工矿企业、高层建筑中广泛采用的供水、消防、空调、电梯等动力设备的电气控制技术进行了详细介绍，并结合工程实例进行分析。全书力求简明扼要，通俗易懂，便于自学。

　　由于我们水平有限，编写时间又很仓促，不足和错误之处在所难免，恳请广大读者批评指正。

编　者

目　　录

第一章　电气照明的基本知识

第一节　照明技术的有关概念

一、概述

照明可分为天然照明和人工照明两大类。天然照明受自然条件的限制，不能根据人们的要求保持随时可用，明暗可调，光线稳定的采光。在夜晚或天然光线不足的地方，都要采用人工照明。人工照明主要是用电光源来实现，它由电光源、灯具、室内外空间、建筑内表面和工作面组成。学习电气照明，必须掌握一些电光源、灯具、照明方式、照度标准、照度质量及照明计算等相关知识。

电气照明是现代化工厂中最基本的人工照明，它具有灯光稳定、易于控制和调节、使用安全和经济等优点。

良好的照明条件是实现安全生产，提高劳动生产率，提高产品质量和保障职工视力健康的前提和保证，因此，合理地进行照明设计和加强对照明装置的运行维护工作，对工农业生产和职工的安全健康具有十分重要的意义。

二、光的基本特征

（一）可见光

光是物质的一种形态，是一种波长比毫米无线电波短、又比X射线长的电磁波，所有电磁波都具有辐射能。

波长范围在 380～780 nm（1 nm＝10^{-9}m）的电磁波能使人眼产生光感，这部分电磁波就被称之为可见光。波长大于 780 nm 的范围（780～1000 nm）的红外线、无线电波，以及波长小于 380 nm 的范围（380～100 nm）的紫外线、X射线都不能引起人们眼睛的视觉反应。

不同波长的可见光，在人眼中又产生不同颜色感觉，由图 1-1 中可知，可见光谱又可分为：

红——波长 780～640 nm；

橙——波长 640～600 nm；

黄——波长 600～570 nm；

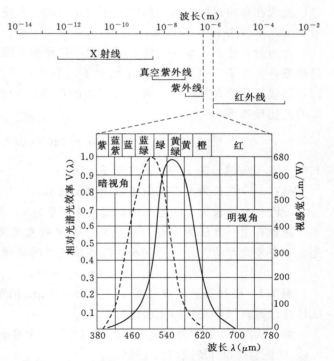

图 1-1　可见光及其颜色感觉、光谱光效率曲线

1

绿——波长 570～490 nm；

青——波长 490～450 nm；

蓝——波长 450～430 nm；

紫——波长 430～380 nm。

全部可见光波混合在一起就形成了日光（白色光）。

（二）相对光谱效率

光作为电磁能量的一部分，当然是可以量度的。经验和实验证明，不同波长的可见光在人眼中引起的光感是不同的。不同波长的可见光尽管辐射的能量一样，但看起来明暗程度有所不同。在白天，人眼对波长 555 nm 的黄绿光最敏感。波长偏离 555 nm 越远，人眼对其感光的灵敏度越低。

用来衡量电磁波所引起视觉能量的量，称为光谱光效能。任一波长可见光的光谱光效能与 555 nm 可见光的光谱效能之比，称为该波长的相对光谱效率 V（λ）。图 1-1 中实线所示是明视觉的相对光谱光效率曲线。

光谱光效率用以衡量各种波长单色光的主观感觉量，又称为单色光的相对视度。例如，在图 1-1 中可查得蓝光波长（460 nm）、黄绿光波长（555 nm）、红光波长（650 nm）的 V（λ）值分别是 0.06、1、0.107。这表明要想在人眼引起相同的主观视觉，应使蓝光和红光的辐射功率分别是黄绿光的 16.6 倍和 8.35 倍。

（三）基本光度单位

1. 光通量

光源在单位时间内向周围空间辐射出去的，并使人眼产生光感的能量，称光通量，符号为 Φ，单位为 lm（流明）。

光通量是指用人眼评定的照明效果，是衡量人眼视觉的光量参数。由于人眼对黄绿光最敏感，在光学中以它为基准作出如下的规定：当发出波长为 555 nm 黄绿色的单色光源，其辐射功率为 1W 时，则它所发出的光通量为 680 lm，因此，可求出某一波长的光源的光通量如下

$$\Phi_\lambda = 680V(\lambda)P_\lambda \tag{1-1}$$

式中　Φ_λ——波长为 λ 的光源光通量（lm）；

　　$V(\lambda)$——波长为 λ 的光的相对光谱光效率；

　　P_λ——波长为 λ 的光源的辐射功率（W）。

只含有单一波长的光称为单色光。大多数光源都含有多种波长的单色光，称为多色光。多色光光源的光通量为它所含的各单色光的光通量之和，即

$$\Phi = \Phi_{\lambda1} + \Phi_{\lambda2} + \cdots + \Phi_{\lambda n} = \sum[680V(\lambda)P_\lambda] \tag{1-2}$$

例 1-1　已知普通白炽灯发生波长为 500 nm 的单色光，若它的辐射功率为 2.83 W，试计算普通白炽灯发出的光通量。

解　从图 1-1 相对光谱光效率曲线（实线）中可查得，对应于波长 500 nm 的 V（λ）= 0.4，则普通白炽灯所发出的光通量为

$$\Phi = 680V(\lambda)P_\lambda = 680 \times 0.4 \times 2.83 = 769.76(\text{lm})$$

例 1-2 已知某汞灯所发出的光由六种单色光混合而成，其波长和辐射功率见表 1-1，试计算该灯发出的光通量。

表 1-1 某汞灯波长、辐射功率、光效率、光通量数据表

波　长 （nm）	辐射功率 （W）	相对光谱光效率 V（λ）	光　通　量 （lm）
365	2.2	—	—
406	4.0	0.0007	1.94
436	8.4	0.018	102.82
546	11.5	0.984	7694.88
578	12.8	0.889	7737.80
691	0.9	0.0076	4.65
总　计	39.8		15542.15

解 根据表 1-1 中数据，在图 1-1 中查得各单色光的 V（λ）值列于表中第三栏，按式（1-1）计算出各单色光的光通量，并列于第四栏，然后相加总和即是汞灯所发出的光通量。

2. 发光强度

桌子上方有一盏无罩的白炽灯，在加上灯罩后，桌面显得亮多了。同一盏灯泡不加灯罩与加上灯罩，它所发生的光通量是一样的，只不过在加上灯罩后，光线经灯罩的反射，使光通量在空间分布的状况发生了变化，射向桌面的光通量比没加灯罩时增多了。因此，在电气照明技术中，只知道光源所发生的总光通量是不够的，还必须了解光通量在空间各个方向上的分布情况。

光源在空间某一方向上的光通量的辐射强度，称为光源在这一方向上的发光强度，符号为 I，单位为 cd（坎德拉）。

对于向各个方向均匀辐射光通量的光源，各个方向的光强均相同，因此，必须用立体角度作为空间光束的量度单位计算光通量的密度。

图 1-2 所示是一个球体，其半径为 r。球面上的某块面积 A 对球心形成的角称为立体角，以符号 ω 表示，且

$$\omega = \frac{A}{r^2} \qquad (1-3)$$

立体角的单位是球面度（sr）。当 $A = r^2$ 时，$\omega = 1sr$，整个圆球面所对应的立体角为

$$\omega = \frac{4\pi r^2}{r^2} = 4\pi(sr)$$

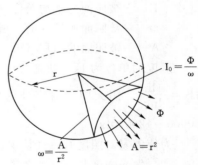

图 1-2　发光强度示意图

若光源辐射的光通量是均匀的，参照图 1-2，发光强度定义为

$$I_\theta = \frac{\Phi}{\omega} \qquad (1-4)$$

式中　I_θ——光源在 θ 方向上的光强（cd）；

　　　Φ——球面 A 所接受的光通量（lm）；

　　　ω——球面所对应的立体角（sr）。

可见，1cd 表示在 1sr 内，均匀发出 1lm 的光通量，即

$$1cd = \frac{1lm}{1sr}$$

发光强度常用于说明光源和灯具发出的光通量在空间各方向或在选定方向上的分布密度。例如，一只 220V、40W 白炽灯发出 350lm 的光通量，它的平均光强为 350/4π＝28 （cd），若在该裸灯泡上面装一盏白色搪瓷平盘灯罩，则灯的正下方发光强度能提高到70～80cd。如果配上一个聚焦合适的镜面反射罩，则灯下方的发光强度可以高达数百坎德拉。而在后两种情况下，灯泡发出的光通量并没有变化，只是光通量在空间的分布更为集中，相应的发光强度也提高了。

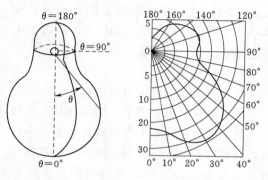

图 1-3 发光强度在空间分布的情况和配光曲线

用极坐标来表示光源各个方向上发光强度的曲线，称为该光源的配光曲线。图 1-3 是某光源的配光曲线。由图 1-3 可见，光源在各个方向上的光强是不同的，在 30° 处 $I_{30}=35cd$，在 120° 处 $I_{120}=10cd$。

3. 照度

（1）照度。照度是指受照物体表面单位面积上所投射的光通量，符号为 E，单位为 lx（勒克斯）。

如果光通量 Φ 均匀地投射在面积为 A 的表面上，则该表面的平均照度值为

$$E=\frac{\Phi}{A} \tag{1-5}$$

式中　E——被照面的平均照度（lx）；

Φ——被照面所接受的光通量（lm）；

A——被照面的面积（m²）。

照度的单位为 lx（勒克斯），1lx 表示 1lm 的光通量均匀分布在 1m² 的被照面上，即 $1lx=\dfrac{1lm}{1m^2}$。阴天中午时室外的照度约为 8000～20000lx；晴天中午时室外的照度可达 80000～120000lx。

为使大家对照度有感性认识，现将一些实际情况下的光强度值列在表 1-2 中。

（2）发光强度与照度的关系。当光源的直径小于被照面距离的 1/5 时，则可把该光源视为点光源。

图 1-4（a）中，面 A_1、A_2、A_3 与点光源 O 的距离分别为 1r、2r、3r，这三块面在光源处形成的立体角相同，则 A_1、A_2、A_3 的面积比等于它们与光源的距离之平方比 $1:2^2:3^2$，即 1:4:9。若点光源在图示方向的发光强度为 I，因三块面对应的立体角相同，落在这三块面上的光通量也相同，但由于它们的面积不同，故它们的照度不同。下面推导点光源的发光强度与照度的一般关系。

由式（1-5）可知，照度 E＝Φ/A，由式（1-4）得光强 $I_\theta=\Phi/\omega$，立体角 $\omega=A/r^2$。则

$$E=\Phi/A=\frac{I_\theta\omega}{A}=\frac{I_\theta A/r^2}{A}=\frac{I_\theta}{r^2} \tag{1-6}$$

表 1-2　　一些实际情况下的光照度值

情　　　　　况	照度值（lx）
夜间在地面上产生的光照度	3×10^{-4}
满月在地面上产生的光照度	0.2
工作场地必需的光照度	20～100
晴朗的夏日在采光良好的室内的光照度	100～500
太阳不直接照到的露天地面的光照度	$10^3\sim10^4$
中午露天地面的光照度	10^5

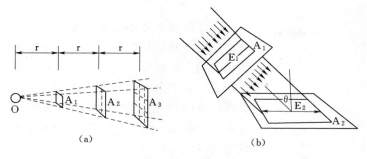

图 1-4 点光源的发光强度与照度的关系

(a) 光线垂直入射到被照面上；(b) 光线倾斜入射到被照面上

由式（1-6）表明，某表面照度 E 与点光源在这个方向上的光强 I_θ 成正比，与它至光源的距离 r 的平方成反比，这个计算点光源产生照度的基本公式，称为距离平方反比定律。

当光线的入射角不等于零时，如图 1-4 (b) 的面 A_2，它的法线与光线成 θ 角（入射角为 θ），而面 A_1 的法线与光线重合（光线垂直入射，入射角为零），由图可见

$$\Phi = A_1 E_1 = A_2 E_2 \ 且 \ A_2 = \frac{A_1}{\cos\theta}$$

故 $$E_2 = E_1 \cos\theta$$

由式（1-6）得知 $E_1 = \dfrac{I_\theta}{r^2}$，则

$$E_2 = \frac{I_\theta}{r^2} \cos\theta \tag{1-7}$$

式（1-7）表明，被照面的照度与光源在这个方向上的光强 I_θ 和入射角 θ 的余弦成正比；与它至光源的距离 r 的平方成反比。

例 1-3 如图 1-5 所示，在桌子上方 2.4 m 处挂有一盏 100 W 的白炽灯，试计算：

（1）桌面 1 处和 2 处的照度；

（2）若将白炽灯悬挂高度降至离桌面为 1.2 m，1 处的照度为多少？

解 （1）由图 1-5 可知 $tg\theta = \dfrac{1.2}{2.4} = \dfrac{1}{2}$，则 θ = 26°30′，由有关设计手册查得 100 W 白炽灯的发光强度 $I_{0\sim45°} = 60cd$，则 1、2 处的照度 E_1、E_2 为

$$E_1 = \frac{I_\theta \cos\theta}{r^2} = \frac{60 \times 1}{2.4^2} = 10.4 (lx)$$

$$E_2 = \frac{I_\theta \cos\theta}{r^2} = \frac{60 \times \cos26°30′}{2.4^2 + 1.2^2} = 7.5 (lx)$$

（2）白炽灯距桌面为 1.2 m 时，则 1、2 处的照度 E_1、E_2 为

$$E_1 = \frac{I_\theta \cos\theta}{r^2} = \frac{60 \times 1}{1.2^2} = 41.7 (lx)$$

$$E_2 = \frac{I_\theta \cos\theta}{r^2} = \frac{60 \times \cos45°}{1.2^2 + 1.2^2} = 14.7 (lx)$$

由例 1-3 可知，为增加工作面的照度，往往是缩短光源至被照面的距离和减小入射角。

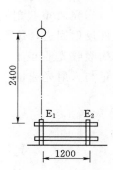

图 1-5 例 1-3 示意图

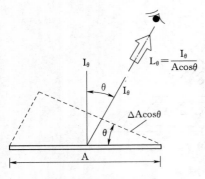

图 1-6　表面亮度的定义示意图

$$L_\theta = \frac{I_\theta}{A\cos\theta}$$

4. 亮度

亮度是指发光体（不只是电源，其它受照物体对人眼来说也可看作间接发光体）在人眼视线方向单位投影面积上的发光强度，称为该发光体的表面亮度，以符号 L 表示，单位为坎德拉每平方米（cd/m^2）。该发光体表面法线方向的光强为 I，而人眼视线与发光体表面法线交 θ 角参看图 1-6，因此视线方向的光强 $I_\theta = I\cos\theta$。而视线方向发光体的投影面 $A_\theta = A\cos\theta$，其中 A 为发光体面积，因此可得发光体在视线方向的亮度为

$$L_\theta = \frac{I_\theta}{A_\theta} = \frac{I\cos\theta}{A\cos\theta} = \frac{I}{A} \tag{1-8}$$

式中　L_θ——发光体沿 θ 方向的表面亮度（cd/m^2）；

　　　I_θ——发光体沿 θ 方向的发光强度（cd）；

　　$A\cos\theta$——发光体在视线方向上的投影面（m^2）。

上式说明，发光体的亮度值实际上与人眼的视线方向无关。

亮度的概念对于一次光源和被照物体是同等适用的，亮度是一个客观量，但它直接影响人眼的主观感觉。晴天天空的亮度为 $0.5 \sim 2 \times 10^4 cd/m^2$；白炽灯灯丝的亮度约为 $300 \sim 1400 \times 10^4 cd/m^2$；荧光灯管的表面亮度为 $0.6 \sim 0.9 \times 10^4 cd/m^2$。

以上介绍了 4 个常用的光度单位，光通量说明发光体发出的光能数量；发光强度是发光体在某方向发出的光通量密度，它表明了光通量在空间的分布状况；照度表示被照面接受的光通量密度，用来鉴定被照面的照明情况；亮度则表示发光体单位表面积上的发光强度，它表明了一个物体的明亮程度。它们从不同的角度表达了物体光学特征。现

表 1-3		光度单位和定义	
名　称	符号	定　义　式	单　位
光通量	Φ	$\Phi = \sum [680V(\lambda)P_\lambda]$	流明（lm）
发光强度	I	$I = \Phi/\omega$	坎德拉（cd）
照　度	E	$E = \Phi/A$；$E = \dfrac{I_\theta}{r^2}\cos\theta$	勒克斯（lx）
亮　度	L	$L = I/A$	坎德拉每平方米（cd/m^2）

将它们综合列表 1-3，以便比较和记忆，并将光通量、发光强度、照度、亮度四个光度单位之间关系表达于图 1-7 中。

三、物体的光照性能

当光通 Φ 投射到物体（如玻璃、空气、墙体）时，如图 1-8 所示，一部分光通从物体表面反射回去，这部分光通称为反射光通 Φ_ρ；一部分光通被物体所吸收，这部分光通被称为吸收光通 Φ_α；其余部分光通则透过物体，这部分光通称为透射光通 Φ_τ。这三部分光通量与入射光通量之比分别称为反射系数 ρ、吸收系数 α、透射系数 τ，即

$$\rho = \frac{\Phi_\rho}{\Phi} \tag{1-9}$$

$$\alpha = \frac{\Phi_\alpha}{\Phi} \tag{1-10}$$

$$\tau = \frac{\Phi_\tau}{\Phi} \tag{1-11}$$

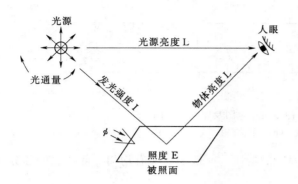

图 1-7 光通量、发光强度、照度、
亮度关系示意图

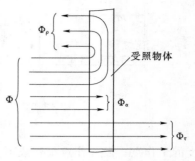

图 1-8 光通投射在物体上的情形
Φ—投射光通；Φ_ρ—反射光通；
Φ_a—吸收光通；Φ_τ—透射光通

根据能量守恒定律可知以上三参数具有以下关系

$$\Phi = \Phi_\rho + \Phi_a + \Phi_\tau$$

则

$$\rho + \alpha + \tau = 1$$

从照明的角度来说，其中反射系数 ρ 影响比较大。表1-4为各情况下墙壁、顶棚及地面的反射系数近似值。很明显，要提高照明的效果，改善照明的条件，那么搞好墙壁、顶棚和地面的清洁卫生，合理协调地进行布置，提高周围物体的反射系数是十分重要的。

表 1-4 墙壁、顶棚和地面的反射系数近似值

反 射 物 体 表 面 情 况	反射系数 ρ （%）
刷白的墙壁、顶棚、窗子装有白色窗帘	70
刷白的墙壁，但窗子未挂窗帘，或挂深色窗帘；刷白的顶棚，但房间潮湿；虽未刷白，但墙壁和顶棚干净光亮	50
有窗子的水泥墙壁、水泥顶棚，或木墙壁、木顶棚；棚有浅色纸的墙壁、顶棚；水泥地面	30
有大量深色灰尘的墙壁、顶棚；无窗帘遮蔽的玻璃窗；未粉刷的砖墙；糊有深色纸的墙壁、顶棚；较脏污的水泥地面；广深、沥青等地面	10

第 二 节 照 明 方 式 及 种 类

一、照明方式

照明方式是照明设备按照其安装部位或使用功能而构成的基本制式。

照明方式是按照明器的布置特点来区分的，它分为：一般照明、局部照明和混合照明。

（一）一般照明

一般照明是指在工作场所内不考虑局部的特殊需要，为照亮整个场所而设置的照明。见图1-9（a），一般照明方式的照明器均匀对称地分布在被照面的上方，因而获得必要的照明均匀度。这种照明适合于对光的投射方向没有特殊要求；在工作面内无特殊需要而提

7

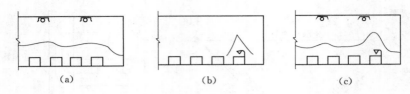

图 1-9　三种照明示意图及照度分布图

(a) 一般照明；(b) 局部照明；(c) 混合照明

高照度的工作点；及工作点很密或不固定的场所。一般照明又有均匀一般照照明和分区一般照明之分。

(1) 均匀一般照明。使整个被照场所内的工作面上都得到相同照度的一般照明。

(2) 分区一般照明。在一个场所内根据需要，提高某提定区域照度的一般照明，即在同一照明房间内的某个区域的照度是均匀的，但该区域的照度比房间其它区域的照度要高。

一般照明方式的照明器布置必定是均匀布置方式，其照明器的形式、悬挂高度、灯泡容量也是均匀对称的。

（二）局部照明

局部照明是为了满足工作场所某些部位的特殊需要设置的照明。例如，局部需要有较高的照度，由于遮挡而使一般照明照射不到的某些范围，需要减少工作区的反射眩光；为加强某方向光照以增强质感；视觉功能降低的人需要有较高照度等。如图 1-9 （b）所示是局部照明的照度分布。但在一个工作场所内，不允许只单独使用局部照明，因为这会造成工作点和周围环境有极大的亮度对比。显然，局部照明所对应的照明器布置是选择布置方式。

（三）混合照明

由一般照明和局部照明共同组成的照明方式称为混合照明。采用混合照明方式的场所，其均匀照度由一般照明提供，而对需要有较高照度的工作面和对光照方向有特殊要求的局部，则采用局部照明来解决。如图 1-9 （c）所示是混合照明的照度分布。混合照明中的一般照明，其照度应按该等级混合照度的 5%～10% 选取，且不宜低于 20 lx。

二、照明种类

照明种类按照明的功能可分为五种。它分为：正常照明、事故照明、值班照明、警卫照明和障碍照明等。

（一）正常照明

在正常情况下使用的室内外照明都属于正常照明。《建筑电气设计技术规程》(JGJ16—83) 规定：所有使用房间和供工作、运输、人行的屋顶、室外庭院和场地，皆应设置正常照明。它是指在正常工作时，要求能顺利地完成作业，保证安全通行和能看清周围的东西而设置的照明。

（二）事故照明

对正常照明因故障熄灭后，将会造成爆炸、火灾、人身伤亡等严重事故的场所，能继续工作而采用的照明称为事故照明。事故照明是供继续工作和疏散用的。在下列情况下，应设置供继续工作用的事故照明：

（1）在正常照明熄灭后，由于工作中断或误操作，将引起爆炸、火灾等严重危险的厂房或场所。

（2）可能引起生产过程长期破坏的厂房内和室外工作地点。

（3）在无照明的情况下，由于设备继续运转或人员的通行，将造成设备和人身事故的地方。

（4）由于照明中断，可能使发电厂、变电所、供水站、供热站、锅炉房等停止正常工作时。

供继续工作用的事故照明，应保证在正常照明发生故障而熄灭时，提供有关人员临时继续工作所需的视觉条件。为此，在需继续工作的工作面上，事故照明的照度不应低于正常照明总照度的 10%，并且在室内不应低于 2 lx，企业场地不应低于 1 lx，仅供人员疏散用的事故照明不应低于 0.5 lx。

事故照明的灯具应布置在可能引起事故的设备、材料的周围和主要通道、危险地段、出入口等处。还应在事故照明和正常照明灯具上明显部位涂以颜色标记。事故照明的光源选择，应采用能瞬时可靠点燃或启动的灯具。

民用建筑内的下列场所应设置事故应急照明：高层建筑的疏散楼梯、消防电梯及其前室、配电室、消防控制室、消防水泵房和自备发电机房以及建筑高度超过 24 m 的公共建筑内的疏散走道、观众厅、展览厅、餐厅和商业营业厅等人员密集的场所；医院手术室、急救室等。

（三）值班照明

利用正常照明中能单独控制的一部分，或事故的一部分甚至全部，作为值班时一般观察用的照明，称为值班照明。

（四）警卫照明

按警戒任务的需要，在厂区、仓库区或其它设施警卫范围内装设的照明为警卫照明。是否设置警卫照明应根据企业的重要性和有关保卫部门的要求来决定。在安装警卫照明的场所宜尽量与厂区照明合用。

（五）障碍照明

为确保夜行的安全，在飞机场附近较高的构筑物和建筑物上，或船舶通行航道两侧修建的障碍指示设施上设置的照明，称为障碍照明。障碍照明应选择穿透雾强的红光灯具。障碍灯的装设，可按下列要求考虑：高层建筑物可只在顶部装设，水平面积较大的高层建筑物，除在其顶部装设外，还须在其转角的顶端装设；高度在 100m 以上的构筑物，还应在其三分之一处、二分之一处的高度装设障碍灯；障碍灯每盏不应小于 100W，而且应装设排成三角形的方式布置；障碍灯的设置，应考虑维修方便。

第三节　照　度　标　准

为了创造一个良好的工作条件，提高劳动生产率和产品质量，在确定了照明方式后，对工作场所及其它活动场所提供适当的照度，其依据就是照度标准。照度标准是国家根据经济和电力发展水平制定和颁布的照明数量依据。照明数量就是指工作面上的照度值。

各种工作场所和其它活动场所的照度标准，必须符合国家标准《工业企业照明设计标准》（TJ34—79）中规定的工业企业照度标准和《建筑电气设计技术规程》（JGJ16—83）中规定的民用建筑照度标准。

一、工业企业的照度标准

表 1-5 列出了上述国家标准规定的生产车间及工作和生活场所的平均照度值。在一般情况下，应取照度范围的中间值作为设计的工作面上的标准照度。

表 1-5   生产车间及工作和生活场所的平均照度值

1. 生产车间的视觉工作分级和水平的平均照度范围

视觉工作特性	识别对象的最小尺寸 d（mm）	视觉工作分类		亮度对比	平均照度范围（lx）	
		等	级		混合照明	一般照明
最精细工作	d≤0.15	I	甲	大	1500～2000～3000	—
			乙	小	1000～1500～2000	
很精细工作	0.15<d≤0.3	II	甲	大	750～1000～1500	200～300～500
			乙	小	500～750～1000	150～200～300
精细工作	0.3<d≤0.6	III	甲	大	500～750～1000	150～200～300
			乙	小	300～500～750	100～150～200
一般精细工作	0.6<d≤1.0	IV	甲	大	300～500～750	100～150～200
			乙	小	200～300～500	75～100～150
低精度工作	1.0<d≤2.0	V	—	—	150～200～300	50～75～100
很低精度工作	2.0<d≤5.0	VI	—	—		30～50～75
粗糙工作	d>5.0	VII	—	—		20～30～50
一般观察生产过程	—	VIII	—	—		10～15～20
大件贮存	—	IX	—	—		5～10～15
有自行发光材料的车间	—	X	—	—		30～50～75

2. 部分生产车间工作面上的平均照度值

车间名称及工作内容		视觉工作等	工作面上的平均照度范围（lx）		
			混合照明	混合照明中的一般照明	单独使用一般照明
机加车间	粗加工	III乙	300～500～750	30～50～75	—
	一般精加工	II乙	500～750～1000	50～75～100	—
	精密加工	I乙	1000～1500～2000	100～150～200	—
装配车间	大件装配	V	—	—	50～75～100
	小件装配	II乙	500～750～1000	75～100～150	—
	精密装配	I乙	1000～1500～2000	100～150～200	—
焊接车间	手动焊接、切割	V	—	—	50～75～100
	自动焊接、一般划线	IV乙	—	—	75～100～150
	精密划线	II甲	750～1000～1500	75～100～150	—

车间名称及工作内容		视觉工作等	工作面上的平均照度范围（lx）		
			混合照明	混合照明中的一般照明	单独使用一般照明
铸造车间	熔化、浇铸	X	—	—	30～50～75
	型砂处理	Ⅶ	—	—	20～30～50
	手工造型	Ⅲ乙	300～500～1000	30～50～75	—
木工车间	机床区	Ⅲ乙	300～500～1000	30～50～75	—
	锯木区	V	—	—	50～75～100
	木模区	Ⅳ甲	300～500～750	50～75～100	—
电修车间	一般修理	Ⅳ甲	300～500～750	30～50～75	—
	精密修理	Ⅲ甲	500～750～1000	50～75～100	—
	拆卸、清洗场地	Ⅵ	—	—	30～50～75

3. 部分生产和生活场所的平均照度值

场 所 名 称	单独一般照明时工作面上的平均照度（lx）	工作面离地高度（m）
高低压配电室、低压电容器室	30～50～75	0
主变压器室、高压电容器室	20～30～50	0
值班室、一般控制室	75～100～150	0.8
主控制室	150～200～300	0.8
理化实验室	100～150～200	0.8
工艺室、设计室、绘图室	200～300～500	0.8
打字室	200～300～500	0.8
阅览室、陈列室	150～200～300	0.8
资料室、会议室	75～100～150	0.8
办公室	100～150～200	0.8
宿舍、食堂	50～75～100	0.8
浴室、厕所	15～20～30	0
主要道路	2～3～5	0
次要道路	1～2～3	0

（1）如符合下列条件之一时，应取照度范围的最高值作为设计照度：

1）Ⅰ～Ⅴ等级的视觉工作，当眼睛至识别对象的距离超过 0.5m 时；

2）连续长时间紧张的视觉工作，对眼睛有不良影响时；

3）识别对象在活动面上，识别时间短促而辨认困难时；

4）工作需要特别注意操作安全时；

5）识别对象的反射系数很低或与背景的对比度很低时；

6）当作业精度要求较高时。

（2）如符合下列条件之一时，应取照度范围的最低值作为设计照度：

1）只需短暂地进行工作时；

2）当精度或速度无关重要时；

3）识别对象的反射系数很高或与背景的对比很强时。

二、民用建筑照度的标准

民用建筑照度标准是指工作区参考平面（距地面 0.8 m 处的水平工作面）上的平均照度。在建筑电气设计技术规程中给出的各类民用建筑的照度标准均为推荐值，详见表 1-6～表 1-16。

表 1-6   科 教 办 公 建 筑

房 间 名 称	推荐照度 (lx)
厕所、盥洗室、楼梯间、走道	5～15
小门厅、库房	10～20
中频机室、空调机室、调压室	20～50
食堂、传达室、电梯机房	30～75
录像编辑、外台接收、厨房	50～100
医务室、准备室、接待室、书库、借阅处、教室、实验室、教研室、阅览室、办公室、会议室、装订室、报告厅、色谱室、电镜室、磁带磁盘间、电话机房	75～150
设计室、绘图室、打字室	100～200
电子计算机房、室内体育馆（非体育专业院校）	150～300

注　1. 美术教室的照度可按 100～200lx 选取。

　　2. 当装设黑板照明时，教室黑板上的垂直照度应不低于水平照度的 1.5 倍，最低不应小于 150lx。

　　3. 电化教学中演播室的演播区内主光的推荐垂直照度宜在 2000～3000lx（文艺演播室应在 1000～1500lx）。

　　4. 书库距地 15cm 处的垂直照度不应低于 30lx。

表 1-7   博物馆及展览馆建筑

房 间 名 称	推荐照度 (lx)	房 间 名 称	推荐照度 (lx)
楼梯间、走道、卫生间	5～15	美工室、工作间、售货厅、休息厅、电影厅	50～100
衣帽厅、寄存室	20～50	展览厅、业务洽谈室、会议室	75～150

注　1. 对于深色调的绘画，其照度水平宜为推荐值的 2～3 倍。

　　2. 雕塑等展品的照度应不低于 500lx。

　　3. 对于贵重名画、历史文物等展品，为防止在一般灯光作用下可能引起有机物质的光化学反应变质退色，应选用有紫外线防护措施的特殊照明光源。

　　4. 在展览厅内可根据需要设置重点照明。

表 1-8   交 通 建 筑

场 所 名 称	推荐照度 (lx)	场 所 名 称	推荐照度 (lx)
汽车站、汽车库：		国际候车厅	100～200
加油亭、充电间、气泵间、停车库	10～20	航空港：	
检修间、休息室、候车室、售票厅	30～75	停机坪	30～75
调度室	75～150	讲评室	75～150
火车站：		行李分拣、海关大厅、机组休息厅、调度中心	100～200
旅客站台	5～15		
地道天桥、车库	10～20	行李提取、业务大厅、候机大厅、新闻中心、登机廊道	150～300
一般候车室、电影厅	30～75		
行李托运、行李提取、检票大厅、售票厅	50～100	活动廊桥	200～500

注　1. 机场的专用照明设备一般包括：机场位置信号灯、进场信号灯、目视进场坡度指示灯、界限灯、着地区域灯、跑道中线灯、跑道边线灯、滑行道灯、停机坪灯等，同时还应当在机场的适当位置设置"供电亭"。

　　2. 一般国内航空港照度水平可按表中推荐照度的 0.5～0.75 选取。

　　3. 在航空港的调度中心内，除设有电视监视系统外，还需要进行商调、配载、联系等工作，因此应当解决供记录情况等使用的照明。

表 1-9　　　　　　　　　　　　　　　　　　商 业 建 筑

房 间 名 称	推荐照度 (lx)
厕所、更衣、热水间	5～15
楼梯间、冷库、库房	10～20
浴池（散座）、脚病治疗室，一般旅馆的客房	20～50
大门厅、售票室、副食店、小吃店、厨房制作间、浴池	30～75
餐厅、修理商店、菜市场、洗染店、照相营业厅、菜店、粮店钟表眼镜店、银行出纳厅、邮电局营业厅	50～100
理发室、书店、服装商店	75～150
字画商店、百货商场	100～200

注　1. 对于设计标准较高的百货商场，宜装设重点照明。当需要检验货架的垂直照度时，推荐的垂直照度宜不低于 50lx。

2. 银行、邮电局等的工作台及商店的收款台、修理台上应设有局部照明。

3. 照相摄影专用灯，当使用一般底片（如感光度为 21 度的黑白全色底片和彩色底片）时，在照相区内要求不低于 500lx。其灯光主要由主光、辅光、背景光和轮廓光等组成。照个人和合影像时，主要采用活动立杆灯光。照集体相时，主、辅光等主要采用上空固定光。

4. 脚病治疗室内应另设有供局部照明使用的低电压 24～36V 插座。

5. 柜台内照明的照度宜为营业厅垂直照度的 2～3 倍；橱窗照明的照度宜为营业厅照度的 2～4 倍。

6. 自取商店营业厅宜将表中推荐照度提高一级。

表 1-10　　　　　　　　　　　　　　　　旅 游 饭 店 建 筑

房 间 名 称	推荐照度 (lx)
贮藏间、楼梯间、公共卫生间	10～20
衣帽间、库房、冷库、客房走道	15～30
客房、电梯厅、台球房	30～75
洗衣间、客房卫生间、邮电厅	75～150
健身房（蒸汽浴室、器械室）	30～75
酒吧、咖啡厅、茶室、游艺厅、四季厅、电影院、小舞厅、屋顶旋转厅	50～100
餐厅、小卖部、休息厅、会议厅、网球房、美容室	100～200
大宴会厅、大门厅、厨房	150～300
多功能大厅、总服务台	300～750

注　1. 客房内应另设有夜间照明灯（可组合在床头柜的底部）。

2. 小舞厅的照度在舞会进行时应不低于 5lx。屋顶旋转厅的照度在观景时不宜低于 0.5lx。

3. 台球房等应另设照明。

4. 设在地下室内的厨房、修理间、机电用房等宜将推荐照度提高一级。

5. 门厅、休息厅、茶室、咖啡厅等厅室宜设置有地面插座。

6. 对建筑物内的建筑艺术装饰品（如装饰性雕塑、浮雕、壁毯、壁画等）应装设重点照明，装饰品的平均照度选择可根据：当装饰材料的反射系数 $\rho > 80\%$ 时，为 300lx；当 $\rho = 50\% \sim 80\%$ 时，为 300～750lx。

表 1-11　　　　　　　　　　　　　　　　　　医 疗 建 筑

房 间 名 称	推荐照度 (lx)
厕所、盥洗室、楼梯间、走道	5～15
污物处理间、更衣室	10～20
动物房、太平间、血库、保健室、恢复室	20～50

房　间　名　称	推荐照度 (lx)
病房、健身房	15~30
X 线诊断室、化疗室、同位素扫描室、理疗室、候诊室	30~75
解剖室、化验室、药房、诊室、护士站、医生值班室、门诊挂号室、病案室	75~150
加速器治疗室、电子计算机 X 线扫描室、手术室	100~200

注　1. 手术室的手术台专用照明，推荐照度宜在 2000~10000lx。

　　2. 病房内可以设夜间照明灯，在床头部位照度不宜大于 0.1lx（儿童病房为 1lx），护士站夜间值班照明照度宜不低于 30lx。

　　3. 监护病房夜间守护照明的照度不宜低于 5lx。

　　4. 诊室内作局部检查时的推荐照度宜为 200~500lx。

表 1-12　　　　　　　　　体　育　建　筑

房　间　或　场　地　名　称	推　荐　照　度 (lx)
库房	10~20
衣帽间、浴室、主楼梯间	15~30
运动员休息室、更衣室、灯光控制室、播音室	30~75
运动员餐厅、观众休息厅、大门厅	50~100
健身房、大会议室、大门厅、观众大厅	100~200
水球、游泳跳水、花样游泳	300~750
举重、田径馆	150~300
羽毛球、篮球、排球、手球、乒乓球、技巧、体操、艺术体操、击剑、网球、冰球、冰上舞蹈（冰上芭蕾）、台球（桌面）	200~500
拳击、摔跤、柔道	750~1500
综合性正式比赛大厅	750~1500
排球场、网球场	150~300
棒球场、足球场、游泳场	200~500
国际比赛用足球场地	1000~1500

注　1. 一般比赛场地和练习场地的照度可为正式比赛场地照度的 0.5~0.75。

　　2. 当室内比赛场地要求有高质量的电视转播时，一般要求选用光源色温为 3000K±200K（色温低，转播电视彩色偏红，色温高，则彩色发蓝），垂直照度宜在 1000~1500lx。而拳击、摔跤等小场地比赛项目如通过卫星进行实况转播时，垂直照度宜在 2000~3000lx。足球与田径比赛相结合的室外场地，除应满足足球比赛照明需要外，还要注意田径场地照明。国际比赛用的室外足球场地，当有高质量电视转播时，一般要求光源色温为 4000~6000K，垂直照度宜在 750~1000lx，同时观众席照度宜不低于上述照度的 1/5。

　　3. 当游泳池内设置水下照明时，应做好安全接地等保安措施。水下照明可参照下述指标安装：室内 1000~1100lm/m² 池面；室外 600~650lm/m² 池面。

表 1-13　　　居　住　建　筑

房　间　名　称	推荐照度 (lx)
厕所、盥洗室	5~15
起居室、餐厅、厨房	15~30
卧室、婴儿哺乳室	20~50
单身宿舍、活动室	30~50

注　婴儿哺乳室宜另有夜间照明。

三、国际照明委员会（CIE）照度标准

表 1-17 是国际照明委员会对各种作业和活动推荐的照度范围（又称 CIE 照度标准）。

CIE 将 20lx 认定为所有非工作房间的最低照度值。其理由是：能刚刚辨认人脸的特征，约需 1cd/m² 的亮度，而在水平照度

为20lx 左右的普通照明环境下，可以达到这一亮度。CIE 推荐的照度范围又分三级，对于工作房间，其中间等级的数值代表应采用的照度。在考虑到作业本身的反射率、对比、工作重要性以及视觉工作人员年龄等因素时，可分别采用较高值或较低值。

我国根据当前经济水平和供电能力的提高，并考虑节约能源等具体情况，将会逐步提高工业企业和民用建筑的照度标准。而 CIE 推荐的范围可供在设计较高级的建筑物时参考。

表 1-14　　　　　　　　　　影 剧 院、礼 堂 建 筑

房　间　名　称	推荐照度 (lx)
主楼梯间、公共走道、卫生间	5～15
倒片室	15～30
放映室、电梯厅、衣帽厅	20～50
转播室、录音室、化妆室、后台、门厅	50～100
美工室、排练厅、休息厅、会议厅、观众厅（综合使用的）	75～150
报告厅、接待厅、小宴会厅	100～200
大宴会厅	150～300
大会堂、国际会议厅	300～750

注　1. 仅作为影剧院使用的观众厅，其照度宜于 20～50lx。
　　2. 录音室应避免照明灯具产生的噪音和电磁干扰。
　　3. 剧场舞台灯光在演出区内的照度宜在 1000～2000lx。

表 1-15　　　　　　　　　　道　路　照　明

场　地　名　称	推荐照度 (lx)
住宅小区道路	0.2～1
公共建筑的庭园道路	2～5
大型停车场	3～10
广场	5～15
隧道（长度在 100 m 以内的直线隧道）：白天	100～200
傍晚和夜间	37～75

注　1. 庭园与广场照明，应设有在深夜 12 点以后能够关闭一部分灯光或采用调光设备减光，其照度应不低于推荐值的 1/10，但宜不低于 1lx。
　　2. 室外照明的推荐照度系指路面而言。

表 1-16　　　　　　　　　　建 筑 物 立 面 照 明

建筑物或构筑物立面特征		平　均　照　度　(lx)		
		环　　境　　状　　况		
外观颜色	反射系数 （%）	明　亮	明	暗
白　　色	70～85	75～100	50～75	30～50
明　　色	45～70	100～150	75～100	50～75
中　间　色	20～45	150～200	100～150	75～100

15

表 1-17   **CIE 对不同作业和活动推荐的照度范围**

照 度 范 围 (lx)	作 业 和 活 动 的 类 型
20～30～50	室外入口区域
50～75～100	交通区、简单地判别方位或短暂逗留
100～150～200	非连续工作时用的房间，例如工业生产监视、贮藏、衣帽间、门厅
200～300～500	有简单视觉要求的作业，如粗加工、讲堂
200～500～750	有中等视觉要求的作业，如普通机械加工、办公室、控制室
500～750～1000	有一定视觉要求的作业，如缝纫、检验和试验、绘图室等
750～1000～1500	延续时间长、且有精细视觉要求的作业。如精密加工和装配、颜色辨认
1000～1500～2000	特殊视觉作业，如手工雕刻、很精确的工作检验
＞2000	完成很严格的视觉作业，如微电子装配、外科手术

注 表中数值为工作面上的平均照度。

第四节 照 明 质 量

良好的视觉不仅单靠足够的光通量，还要取决于光的质量，即照明的质量。照明质量是衡量照明设计优劣的主要指标，在照明设计时应全面考虑和恰当处理下列各项照明质量的指标：照度水平、亮度分布、照明的均匀度、阴影、眩光、光的颜色、照明的稳定性等。本节就上述各项内容逐一加以说明。

一、照度水平

照度是决定物体明亮程度的间接指标，在一定范围内照度增加可使视觉功能提高。合适的照度有利于保护视力，提高工作和学习效率。选用的照度值应不低于《建筑电气设计技术规范》推荐的照度值和《工业企业照明设计标准》的平均照度值，见表 1-5 至表 1-16。

二、亮度分布

照明环境不但应使人能清楚地观看事物，而且要给人以舒适的感觉，所以在整个视野内（房间内）各个表面有合适的亮度分布是必要的。在视力工作比较紧张和持久的场所，更应该有一个舒适的照明环境。要创造一个良好的使人感到舒适的照明环境，就需要亮度分布合理和室内各个面的反射率选择适当，照度的分配也应与之相配合。在视野内有合适的亮度分布是舒适视觉的必要条件。过大的亮度不均匀会造成不舒适，但是，亮度过于均匀也是不必要的。适度的亮度变化能使室内不单调和有愉快的气氛。如会议室桌子周围比桌面上照度高 3～5 倍时，便可造成工作处在中心感的效果等。

由于人眼在不断适应亮度变化的过程中，会引起疲劳和不适。因此，室内各表面的亮度比推荐值见表 1-18。

表 1-18 推荐的亮度分布能保证有效地进行观察而不会感到明显的不舒适。如果房间的照度水平不高，例如不超过 150～300lx 时，

表 1-18   **亮 度 比 推 荐 值**

室 内 表 面	推荐值
观察对象与工作面之间（如书与桌子之间）	3∶1
观察对象与周围环境之间（如书、物与墙壁之间）	10∶1
光源（照明器）与背景（环境）之间	20∶1
视野内最大的亮度差	40∶1

视野内的亮度差别对视觉工作的影响比较小。

在工作房间，为了减弱灯具同其周围及顶棚之间的亮度对比，特别是采用嵌入式暗装灯具时，因为顶棚上的亮度来自室内多次反射，顶棚的反射比尽量要高（不低于0.6）；为避免顶棚显得太暗，顶棚照度不应低于作业照度的1/10。工作房间内墙壁或隔断的反射比最好在50%～70%之间，地板的反射比应在20%～40%之间。因而在大多数情况下，要求用浅色的家具和浅色的地面。

我国《民用建筑照明设计标准》中推荐室内各个面的反射比和照度比范围如图1-10所示（照度比是指给定表面的照度与工作面的照度之比）。

此外，适当地增加作业对象与作业背景的亮度对比，较之单纯提高工作面上的照度能更有效地提高视觉功能，而且比较经济。

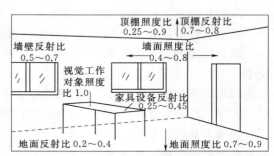

图 1-10　室内各面反射比和照度比推荐值

三、照度均匀度

对于单独采用一般照明的场所，表面亮度与照度是密切相关的，在视野内，照度的不均匀很容易引起视觉疲劳。由于视看对象的分布位置千差万别，而且难以预测，因此一般希望照度均匀。对一般照明的照度分布是均匀的，但在一个平面内照度完全相等不仅没有必要，也不可能做到。

根据视看对象的不同，应该做到被照场所的照度均匀或比较均匀，即要求室内最大、最小照度分别与平均照度之差大于或小于平均照度的六分之一。要达到较满意的照明均匀度，灯具布置间距宜不大于所选灯具的最大允许距高比L/h（参见灯具的最大允许距高比）。只要实际布灯的距高比小于所选用灯具的距高比，照度均匀度就能满足标准的要求。房间内边行灯距墙壁应保持在L/2至L/3之间，如果墙壁反光系数太低时，可将灯具至墙距离减至L/3以下。当要求照明的均匀度很高时，可采用间接型、半间接型照明灯具或照明光带等方式。

照度的均匀性，是以被照场所的最低照度（E_{min}）和最高照度（E_{max}）之比，或最低照度（E_{min}）和平均照度（E_{av}）之比来衡量。E_{min}/E_{max}称为最低均匀度，E_{min}/E_{av}称为平均均匀度。灯具采用一般照明方式，生产厂房的照明均匀度应不低于表1-19中所列的数值。

照度的均匀性在某工作面的局部照度不得高于或低于其平均值的四分之一，也不得低于最小照度标准值。

表 1-19　　　照度均匀性要求

厂房的工作性质	最低均匀度 E_{min}/E_{max}	平均均匀度 E_{min}/E_{av}
精密工作	0.3	0.7
粗糙工作	0.2	0.4

四、光源的显色性

现代人工光源的种类相当多，光源的光谱特性各不相同，就是同一个颜色样品在不同光源下也将显现不同的颜色。光源除了要求发光效率高之外，还要求它具有良好的颜色。光源的颜色有两方面的意思，一方面是人眼观看光源所发出光的颜色，称为光源的色表；另一方面是光源照到物体上所显现出来的颜色，称为光源的显色性。

我们举个例子，现在的路灯许多都采用荧光高压汞灯，从远处看它发出的光又亮又白，说明荧光高压汞灯的色表好；当我们看它照在人脸上时，脸色便显得发青色，这表明荧光高压汞灯的显色性不好。普通的白炽灯，从远处看发偏黄红色，当看照射的有色物体，物体的颜色与白天受日光照射时差不多，这说明白炽灯的色表较差而显色性好。如果在低压钠灯下观察物体的颜色，则许多颜色物品都会变为棕色或偏黑色。在这种情况下，就列入了一个光源的显色性问题。

人们长期在太阳光下生活，习惯了以日光的光谱成分和能量分布为基准来分辨颜色，所以在显色性的比较中，用日光或日光很接近的人工光源作标准，以显色指数为 100 来表示，其它光源的显色指数都小于 100 这个标准。表 1-20 列出了各种光源的平均显色指数 R_a 值，用数字表示显色性的方法称为显色指数，一般显色指数（或称平均显色指数）R_a 是从光的光谱分布计算求出的。各色物受某光源照射的效果和标准光源相接近，说明该光源的显色性好，显示指数高；相反，物体被照后颜色失真，则说明显色性很差，显色指数就低。

物体表面的颜色和表彩的效果，都会影响显色性，要想得到满意的效果，须改善光源的显色指数，正确运用色彩的选择。

表 1-20　　各种光源的显色指数

光　　源	显色指数 R_a	光　　源	显色指数 R_a
白炽灯	97	荧光水银灯	41
白色荧光灯	65	金属卤化物灯	62
日光色荧光灯	77	高显色金属卤化物灯	92
暖白色荧光灯	52	高压钠灯	29
高显色荧光灯	92	氙灯	94
水银灯	23		

五、照明的稳定性

照明不稳定将使人们的视力降低。不断变化的照明在心理上将吸引和影响人们的注意力，对正常生产是有害的。照明质量的一个明显特征就是照明稳定性的问题。

影响照明的稳定是多方面的，其中电压的波动是主要的因素，在电力系统出现事故、线路转接、大型电动机启动、可控硅调光设备转换、电弧焊接等都能引起较激烈的电压波动，直接影响照明的稳定性。在放电光源中通常存在的光通量随交流电流而变化，对视力也是很有害的，这是频闪效应的结果。

交流电源供电时，电流的周期性交变，气体放电灯的光通量也发生周期性的变化，使人们观察运动的物体时，容易造成错觉，这种现象叫做频闪效应。特别当物体的转动频率是灯光闪烁频率的整数倍的时候，转动物体看上去好像不动一样，容易出事故，频闪效应对稳定照明质量是极不利的。

提高照明的稳定性，可以从以下几个方面进行考虑：

（1）电源电压波动。尤其是每秒 5～10 次到每分钟一次的周期性严重波动，对眼睛极为有害。为保证照明的稳定性，当电压波动频率小于每小时 10 次时，规定允许的电压波动应小于 5%。

（2）照度变化。照度的变化也可能是由光源的摆动所引起的，光源周期性大幅度的摆动，不但产生表面亮度的变化，而且在工作面上形成运动的影子，严重地影响视觉和有损光源的寿命。因此，灯具的摆动是绝对不允许的。灯具应设置在没有气流冲击的地方或者采取牢固的吊管安装方式。

（3）照明补偿。光源的光通衰减老化，灯具积尘，房间表面污染，在使用过程中照度逐渐下降。所以，在设计计算时应计入照度补偿系数 K，以适当地增加光源的功率，来保证在整个灯具使用期间的照度标准。照度补偿系数见表 1-21。

表 1-21　　　　　　　　　　　照度补偿系数

| 环境类别 | 房间和场所示例 | 补偿系数 K | | 灯具擦洗次数 |
		白炽灯、荧光灯、荧光高压汞灯	卤钨灯	（次/月）
清　洁	住宅卧室、客房、办公室、餐厅、实验室、设计绘图室	1.3	1.2	1
一　般	商店营业厅、影剧院、观众厅	1.4	1.3	1
污染严重	锅炉房、厨房	1.4	1.4	2
室　外	室外设施及体育场	1.8	1.7	1

（4）频闪效应。交流电供电的光源所发射的光通量是波动的，其波动的程度用波动深度来衡量。光通量的波动深度见表1-22。当光通量波动深度在 25% 以下时，频闪效应就可避免。防止频闪效应的方法有：两支并列的荧光灯，一回路按正常方式接线，另一回路接入电容器移相。当一支电流为零时，另一支则处于点燃状态，从而减弱了光的闪烁；三相线路每支荧光灯接至其中一相，并且三支荧光灯互相接近布置；用高周波电源给荧光灯供电。

表 1-22　　几种光源的光通量波动深度

光源类型	接入电路的方式	光通量波动深度（%）
日光色荧光灯	一灯接入单相电路	55
	二灯不同相接入电路	23
	三灯移相接入电路	23
	三灯不同相接入电路	5
冷白色荧光灯	一灯接入单相电路	35
	二灯不同相接入电路	15
	三灯移相接入电路	15
	三灯不同相接入电路	3.1
荧光高压汞灯	一灯接入单相电路	65
	二灯不同相接入电路	31
	三灯不同相接入电路	5
氙　灯	一灯接入单相电路	130
	二灯不同相接入电路	65
	三灯不同相接入电路	5
白炽灯	40W	13
	100W	5

六、阴影

被照面上的光通来自不同的方向照明称为漫射光照明（扩散照明）。提高顶棚、墙面、地板的反射比可有效地改善照明扩散度。

定向的光照射到物体上（又称定向照明）将产生阴影及反射光，此时应根据具体情况分别评价其好或坏。当阴影构成视看的障碍时，对视觉是有害的；当用阴影可把物体的造型（立体感）和材质感表现出来时，适当的阴影对视觉又是有利的。

在要求避免阴影的场合（如采用一般照明的绘图室）宜采有漫射光照明。

在设计工业厂房照明时，要尽量避免工业设备或其他构件形成的阴影。

对以直射光为主的照明可使用宽配光的灯具均匀布置，以获得适当的漫射照明。

利用阴影"造型"（表现物体外形）要注意物体上最亮部分和最暗部分的亮度比，以 3：1 最为理想。而且"造型"效果的好坏与光的强弱、方向以及观察者视线方向等有关。

当被照物体表面凹凸不平时，可以利用照明的效果将其所产生的细小阴影突出出来（如纺织品表面的阴影），并以此来表现出不同质地的材质感。一般情况下，用指向性光源从斜方向照射，即能收到这种效果。此外，对检验照明、建筑物立面照明和商店照明等都应注意有效地利用阴影，以取得较好的视觉效果和心理效果。

七、眩光

由于亮度分布不适当，或由于亮度的变化幅度过大，或由于空间和时间上存在极端的亮度对比，引起不舒适或降低观察物体的能力或同时产生这两种现象的视觉条件，称为眩光。例如，白天有太阳，感到不能睁开眼睛，这就是由于太阳亮度太大而形成的眩光。晚上看路灯，会感到刺眼，这是由于漆黑的夜空与明亮的路灯之间亮度对比过大而形成的眩光。眩光是影响照明质量最重要的因素。影响眩光的主要因素有：光源的亮度，光源外观的大小和数量，光源的位置，周围环境的亮度等。一般来说，被视看物体的表面亮度超过 $16cd/m^2$ 时，就会产生眩光；被视看物体与背景的亮度对比超过 1：100，也容易产生眩光。

光源亮度是产生眩光的主要原因之一，周围暗，眼睛适应越暗，眩光越显著；光源亮度越高眩光越显著；光源越接近视线眩光越显著；光源面积越大，距离眼睛越近，眩光越显著。

眩光可按引起眩光的光线来源，分为直射眩光，反射眩光和光幕反射。

直射眩光是在观察物体的方向或接受这一方向上存在发光体所引起的眩光。反射眩光是由于发光体的镜面反射，特别是在观察物体的方向或接近物体的方向出现镜面反射而引起的眩光。

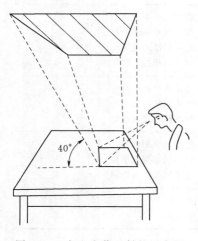

光幕反射是一个物体的漫反射上叠加的定向反射，它实质上也是一种反射眩光。例如，有些纸张表面在受光照射时，会有少量的镜面反射，它与纸面的漫反射叠加，使纸面好像蒙上一层光幕，造成对比减弱，使所视看的一部分或全部细节模糊不清，难以辨认。图 1-11 是产生光幕的示意图。

图 1-11　产生光幕反射的示意图

控制眩光主要是减少在水平视线以上高度角在 $45°\sim 90°$ 范围内的光源表面亮度。控制的方法一是用透光材料减弱眩光；二是用灯具的保护角加以控制。这两种方法采用哪一种都行，也可两种方法同时采用。应使视觉作业不处在也不接近于任何照明光源同眼睛形成的镜面反射角内，或是在确定照明方式和选择布灯方案时，力求使照明光源来自优选方向。应使用发光表面面积大、亮度低的灯具。视觉作业和工作房间内应采用无光泽的表面。采用在视线方向反射光通小的特殊光强分布灯具。

眩光的防止，还应在灯具选择时加以注意。

我国规定民用建筑照明对直接眩光限制的质量等级分为三级，其相应的眩光程度和应用场所举例见表 1-23。

八、光的颜色

合适的光色是采用具有合适光谱的光源或采用几种光源混合照明而获得的。电气照明的光色特点对视觉工作有很大的影响，物体正常的颜色是在日光色的情况下显现出来的。

表 1-23　　　　　　　　　　　　　　　　**眩 光 的 限 制 等 级**

眩光限制等级		眩光强度	适 用 场 所 举 例
Ⅰ	高 质 量	无 眩 光 感	有特殊要求的高质量照明房间，如计算机房、制图室等
Ⅱ	中 等 质 量	有轻微眩光感	照明质量要求一般的房间，如办公室、候车、船室等
Ⅲ	低 质 量	有 眩 光 感	照明质量要求不高的房间，如仓库等

　　光色对人有一定的生理作用和心理作用。在生理作用方面：红色会使神经兴奋，蓝色使人沉静。夜晚看到火或红色的灯就感到近，而看到蓝色的灯就感到远。这是由于红、黄色等波长较长的色有近感，而波长较短的色有远感的原因。物体重量相等时，深暗色看起来重，明亮色的看起来轻。一样大小的东西，深暗色的看起来小，明亮色的看起来大。在明度相同时，黄的和红的东西看起来就比蓝色的大。一样大小的汽车，黄的比黑色的看起来就大。在心理作用方面；红系统的色能使食欲增进，蓝系统的色彩则使食欲减退。彩度高的色比彩度低的较能增进食欲。餐厅内的光色以红、黄色为主，给人一种灯光辉煌的感觉，不但可以增进食欲而且还会使人感到兴奋。不同的色彩给人以不同的感觉。红和橙色给人以温暖的感觉，蓝色给人以冷的感觉。看到红色和橙色就联想到火，看到蓝色就想到了水。红、橙、黄色为暖色，青、蓝、紫色为冷色，白、灰、黑色属于冷色感的范畴。

　　光源颜色的正确选择，应当适应不同的工作环境和场所。

　　在有植物的场所，绿色的叶子较多，应当以绿光成分占优势。如安装水银灯，就显得绿色的叶子格外明亮而美丽动人。

　　在温暖的热地区宜使用高色温冷色调光源。

　　在冷饮场所宜使用冷色光源，以增加凉爽的气氛。

　　在生产车间和办公室宜采用紧张感、冷凉感的绿色光源。

　　在接待室、休息室、食堂最好用茶色、橙色和暖色光源，使具有安全感、温暖感、抒情感。

思 考 题

　　1-1　可见光有哪些颜色？哪种颜色光的波长最长？哪种波长的什么颜色可引起人眼的最大视觉？

　　1-2　什么叫光通、发光强度、照度和亮度？单位各是什么？

　　1-3　什么叫反射系数、吸收系数和透射系数？三者有何关系？从照明角度来讲，其中哪一系数影响较大？

　　1-4　什么是照度标准？目前我国的照度依据的标准是什么？

　　1-5　评价"照明质量"好坏总的出发点是什么？具体有哪些评价指标？

　　1-6　照明方式有哪些？

　　1-7　照明大体有几种类型？事故照明的功能是什么？

　　1-8　什么叫光源的显色指数？白炽灯与荧光灯相比较，哪一种光源的显色性好？

　　1-9　什么是光幕反射？如何克服光幕反射？

第二章 照明光照设计基础

第一节 概　　述

照明光照设计包括照度的选择、光源选用、灯具选择和布置、照明计算等方面。

对以工作面上的视看对象为照明对象的照明技术称为明视照明，主要涉及照明生理学。对以周围环境为照明对象的照明技术称为环境照明，主要涉及照明心理学。不同照明设计需考虑的主要问题列于表 2-1。

表 2-1　　　　　　　　　　　明视照明和环境照明设计的要求对照

明　视　照　明	环　　境　　照　　明
(1)工作面上要有充分的亮度	(1)亮或暗要根据需要进行设计,有时需要暗光线造成气氛
(2)亮度应当均匀	(2)照度要有差别不可均一,采用变化的照明可造成不同的感觉
(3)不应有眩光,要尽量减少乃至消除眩光	(3)可以应用金属、玻璃或其他光泽的物体,以小面积眩光造成魅力感
(4)阴影要适当	(4)需将阴影夸大,从而起到强调突出的作用
(5)光源的显色性好	(5)宜用特殊颜色的光作为色彩照明,或用夸张手法进行色彩调节
(6)灯具布置与建筑协调	(6)可采用特殊的装饰照明手段(灯具及其设施)
(7)要考虑照明心理效果	(7)有时与明视照明要求相反,却能获得很好的气氛效果
(8)照明方案应当经济	(8)从全局来看是经济的,而从局部看可能是不经济的或过分豪华的

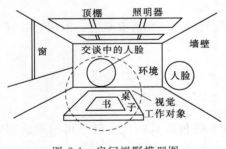

图 2-1　房间视野模型图

要求设计明视照明的场所如生产车间、办公室、教室等；要求设计环境照明的场所如剧场休息厅、宴会厅、门厅等。为了阐明设计要点，现用一简单的房间模型图说明照明设计中应考虑的各种主要因素。图 2-1 与表 2-2 对照可以说明在视野中主要出现哪些与照明有关的内容，应该如何考虑。

照明光照设计均应符合现行的国家标准和设计规范。对某些行业、部门和地区的设计任务，还应遵循该行业、部门和地区的有关规程的特殊规定。

照明光照设计一般可按下列步骤进行：

（1）收集原始资料。工作场地的设备布置、工作流程、环境条件及对照明的要求；已设计完成的建筑平剖面图、土建结构图。

（2）确定照明方式和种类，并根据使用要求、生产性质和房间的照度标准，选择合理的照度。

（3）确定合适的光源和照明灯具（照明器）。根据被照场所对配光、光色、显色性及环境条件选择光源和照明灯具。

（4）选择灯具的型式，并确定型号。

表 2-2　　　　　　　　　　　　照明设计需要考虑的主要因素

照　明　设　计　的　对　象			设计要考虑的主要因素
操作视看对象	工作面（阅读类、机床操作等）		①照度；②照度分布均匀度；③光的方向性——物体上的阴影，材质感的表现，反射眩光，光泽；④光源的颜色和显色性
	对话时人的面貌		①照度；②光的方向性（实体感的表现）；③光源的颜色和显色性
环　　境	室内的立体空间（主要是人的面貌）		①照度；②光的方向性；③光的颜色和显色性
	面（亮度高立体角大的各个面）	顶棚、墙、地板	①亮度分布和照度分布；②反射比和色彩
		光源　灯具	眩光情况
		窗	符合建筑天然采光要求

（5）合理布置灯具。灯具的布置要满足使用的要求和照明质量，同时也要考虑维护、检修的方便及安全。

（6）进行照度计算，按照被照面的照度标准来决定光源的安装功率。

（7）根据需要计算室内各面亮度、质量评价及经济分析，做好与之配套的电气设计等。

第二节　常用照明电光源及布置

一、照明电光源

（一）电光源的分类

电光源按其发光原理分，有热辐射光源和气体放电光源两大类。

1. 热辐射光源

热辐射光源是利用物体加热到白炽状态时辐射发光的原理制成的光源，如白炽灯、卤钨灯等。

2. 气体放电光源

气体放电光源是利用气体放电时发光的原理所制成的光源，如荧光灯、高压汞灯、高压钠灯、金属卤化物灯和氙灯等。

（二）电光源的特性

通常用一些参数来说明光源的工作特性。制造厂家给出这些参数以作为选择光源和使用光源的依据。说明光源工作特性的主要参数有以下几个方面。

1. 额定电压和额定电流

指光源按预定要求进行工作所需要的电压和电流。在额定电压和额定电流下运行时，光源具有最好的功率。

2. 额定功率

电光源在额定工作条件下所消耗的有功功率。

3. 额定光通量和发光效率

额定光通量是指电光源在额定工作条件下发出的光通量，通常又简称为光通量。

发光效率是指电光源每消耗1W电功率所发出的光通量。

在产品目录中给出的是额定光通量和发光效率。但随着使用时间的延长,两者都会降低。

4. 寿命

电光源的寿命有全寿命、有效寿命、平均寿命三种。

全寿命是指电光源直到完全不能使用为止的全部时间;有效寿命是指电光源的发光效率下降至初始值的70%时为止的使用时间;平均寿命是每批抽样试品有效寿命的平均值。通常所指的寿命为平均寿命。

5. 光谱能量分布曲线

光谱能量分布曲线是表示电光源所辐射各波长的光的成分和相对强度的分布状况。这种按不同波长所对应的相对强度绘制的曲线称为电光源相对光谱能量分布曲线。如图 2-2 所示是几种常用的电光源相对光谱能量分布曲线图。

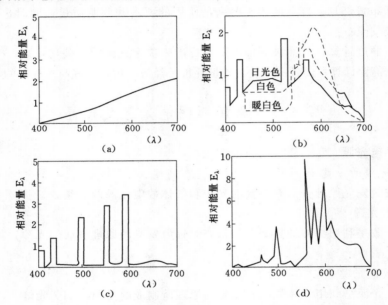

图 2-2　几种电光源的相对光谱能量分布曲线

(a) 台炽灯; (b) 荧光灯; (c) 高压汞灯; (d) 高压钠灯

6. 光色

光源的光色包含色表和显色性两个方面。

(1) 色表。色表是人眼观看到光源所发出的光的颜色,它又以色温来表示。

光源的颜色常用色温这一概念来表示。在黑体辐射中,随着温度的不同,光的颜色也不相同。人们由黑体加热到不同温度时所发射的不同颜色来表达一个光源的光色,叫做光源的色温,简称色温,色温以绝对温标 K 为单位。

某些放电光源发射的光的颜色与黑体在各种温度下所发射的光的颜色都不完全相同,所以在这种情况下用"相关色温"的概念。光源所发射的光的颜色与黑体在某一温度下发射的光的颜色最接近时,黑体的温度就称为该光源的相关色温。

色温能够恰当地表示热辐射光源的颜色。对气体放电光源则要采用相关色温来描述它的颜色，相关色温与黑体在某一温度的发光颜色相近似，故只能粗糙地表示气体放电光源的颜色。表 2-3 所列是常用的电光源的色温。

表 2-3　　　　常用电光源的色温

光　源	色　温（K）	光　源	色　温（K）	光　源	色　温（K）
白炽灯	2800～2900	暖白色荧光灯	2900～3000	金属卤化物灯	
卤钨灯	3000～3200	氙灯	5500～6000	钠—铊—铟灯	5500
日光色荧光灯	4500～6500	荧光高压汞灯	5500	镝灯	5500～6000
白色荧光灯	3000～4500	高压钠灯	2000～2400	卤化锡灯	5000

色温为 2000K 的光源所发出的光呈橙色；2500K 左右呈浅橙色；3000K 左右呈橙白色；4000K 呈白中略橙色；4500～7500K 近似白色（其中 5500～6000K 最接近白色）；日光的平均色温约为 6000～6500K。

光源色温高低不同会产生冷或暖的感觉，见表 2-4。在同一色温下，照度值不同时，人的感觉也会不同，见表 2-5。

表 2-4　色温和感觉

色温度（K）	感　觉
>5000	冷　的
3300～5000	中间的
<3300	暖　的

为了调节冷暖感，可根据不同地区不同场合的情况，采取与感觉相反的光源来增加舒适感。如在寒冷地区宜使用低色温的暖色光源，在炎热地区宜使用高色温冷色调光源。又如在冷饮室内也宜用冷色光源。

根据光源的色温和它们的光谱能量分布，将常用光源的颜色特征（色调），列于表2-6中。

表 2-5　照度和色温与感觉的关系

照　度（lx）	光源色的感觉		
	冷色的	中间的	暖色的
≤500	冷　的	中间的	愉快的
500～1000	↑	↑	↑
1000～2000	中间的	愉快的	刺激的
2000～3000	↓	↓	↓
≥3000	愉快的	刺激的	不自然

表 2-6　常用光谱的色调

光　源	色　调
白炽灯、卤灯	偏红色光
日光色荧光灯	与太阳光相似的白色光
高压钠灯	金黄色光、红色成分偏多、蓝色成分不足
荧光高压汞灯	淡蓝—绿色光，缺乏红色成分
金属卤化物灯	接近于日光的白色光
氙灯	非常接近于日光的白色光

（2）显色性。显色性是指在光源的照明下，与具有相同或相近色温的黑体或日光的照明相比，各种颜色在视觉上的失真程度。光源的显色性以一般显色指数 R_a 来表示，见表1-20。

光源的色温和显色性之间没有必然的联系，因为具有不同的光谱能量分布的光源可能有相同的色温，但显色性却可能差别很大。例如荧光高压汞灯的色温高达 5500K，从远处看它发出的光又白又亮如同日光（6500K），但它的光谱能量分布却与日光的相差很大，

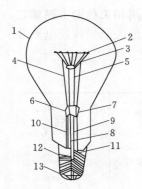

图 2-3 普通白炽灯

1—玻壳；2—灯丝；3—钼丝钩；4—内导丝；5—实心玻梗；6—封接丝；7—排气孔；8—排气管；9—喇叭管；10—外导丝；11—焊泥；12—灯头；13—焊锡

见图 2-2（c）。其光谱内青蓝、绿光多而红光很少，被照的人或物体显得发青，显色性差（R_a 仅为 22～51）。而白炽灯的色温为 2800～2900K，从远处看它的光呈黄红色，但它的显色指数可达 97。这表明白炽灯的色温较差而显色性则较好。由图 2-2（a）可见，白炽灯的光谱能量分布是连续的，且红光成分较多。

7. 频闪效应

此处从略。

（三）照明常用电光源

1. 热辐射光源

（1）白炽灯。白炽灯是单纯依靠钨质灯丝通过电流时加热到白炽状态而辐射发光的光源。它的结构简单，价廉，使用方便，而且显色性能好，因此它无论在工厂还是城乡，应用都极为广泛。但是它的发光效率（即单位电功率产生的光通量，简称光效）较低，使用寿命也较短，且不耐震。

普通白炽灯一般是由灯丝、支架、引线、玻壳和灯头等几个部分组成，其结构如图 2-3 所示。

表 2-7 列出了普通白炽灯（PZ220 型）的主要技术数据。

表 2-7 PZ220 型普通白炽灯泡主要技术数据

额定电压（V）	220									
额定功率（W）	15	25	40	60	100	150	200	300	500	100
光通量（lm）	110	220	350	630	1250	2090	2920	4610	8300	18600
平均寿命（h）	1000									

（2）卤钨灯。卤钨灯是在白炽灯泡内充入含有微量卤族元素或卤化物的气体，利用卤钨循环原理来提高光源的发光效率和使用寿命的一种新型光源。最常用的卤钨灯是灯内充有微量碘的碘钨灯。图 2-4 是碘钨灯的结构图。碘钨灯加上电压，钨质灯丝就要加热到白炽状态发光，同时蒸发出钨分子，使之移向玻管内壁。钨分子管壁与碘化合，生成气态的碘化钨。碘化钨就由管壁向灯丝扩散迁移。当碘化钨进入灯丝的高温区后，就分解为钨分子和碘分子，钨分子就沉积在钨质灯丝上。当钨分子沉积的数量与灯丝蒸发的钨分子数量相等时，就形成了相对平衡状态，这就是所谓的"卤（碘）钨循环"。这实际上是通过卤

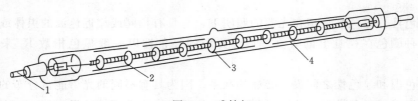

图 2-4 碘钨灯

1—电极；2—灯丝；3—支架；4—石英玻管（充微量碘）

素（如碘）作媒介，将由灯丝蒸发的附着在灯管内壁的钨迁回灯丝的过程。这一方面防止灯管发热，提高了发光效率，另一方面，延长了灯的使用寿命。

为了使卤钨循环顺利进行，卤钨灯必须水平安装，倾斜角不得大于 4°，而且不允许采用人工冷却措施（如用风扇冷却）。由于卤钨灯工作时管壁温度很高（可达 600℃），所以不能与易燃物靠近。卤钨灯的耐震性更差，因此更须注意防震。

2. 气体放电光源

（1）荧光灯。荧光灯（欲称日光灯）是利用汞蒸气在外加电压作用下产生弧光放电，发出少许可见光和大量紫外线，紫外线又激励灯管内壁涂覆的荧光粉，使之发出大量可见光的一种光源。由此可见，荧光灯的发光效率要比白炽灯高得多。在使用寿命方面，荧光灯也长于白炽灯。但是荧光灯的显色性稍差（其中日光荧光灯显色性较好），特别是其频闪效应（即灯光随着电流的周期性交变而频繁闪烁），容易使人眼产生错觉，将一些旋转的物体误为不动的物体，这当然是安全生产所不能允许的。因此它在有旋转机式的车间里很少采用；如要采用，则一定要设法消除其频闪效应。消除频闪效应的一个简便方法，就是在一个灯具内安装两根或三根接于不同相的灯管，使得各管的频闪时间互有差异而总的使之弥补和消除。

荧光灯的原理电路如图 2-5 所示。图中 S 是起辉器，它有两个电极，其中一个弯成 U 字形的电极是双金属片。当荧光灯接上电压后，起辉器首先产生辉光放电，造成两极短接，从而使电流通过灯丝。灯丝加热后发射电子，并使管内少量汞得以气化。图中 L 是镇流器，实质是铁心电感线圈。当起辉器两极辉光放电使 U 字形电极双金属片膨胀断开，起辉器辉光放电停止，从而突然断开灯丝回路，这就使串联在此回路中的镇流器两端感生很高

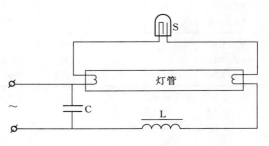

图 2-5　荧光灯的原理电路
L—镇流器；S—起辉器；C—并联电容

的电动势，连同电源电压加在灯管两端，使充满汞蒸气的灯管击穿，产生弧光放电。由于灯管起燃后，管内电压降很小，因此又要借助镇流器产生很大一部分电压降，来维持灯管稳定的电流。该压降也防止了起辉器再次辉光放电。图中 C 是用来提高功率因数的并联电容器。未并联 C 时，功率因数只有 0.5 左右；并联 C 以后，功率因数可提高到 0.95 以上。目前一般在灯具上已不装设电容 C，而采用在供电处集中进行并联电容补偿功率因数。

荧光灯的品种很多，表 2-8 是直管形荧光灯的光电参数。

（2）高压汞灯。高压汞灯又称高压水银荧光灯，是一种高气压（压强可达 10^5 Pa 以上）的汞蒸气放电光源。它不需起辉器来预热灯丝，但它必须与相应功率的镇流器 L 串联使用。其结构和接线如图 2-6 所示。工作时，第一主电极与辅助电极（触发极）之间首先击穿放电，使管内的汞蒸发，导致第一主电极与第二主电极之间击穿，发生弧光放电，使管壁的荧光质受到激励而产生大量的可见光。

另外有一种高压汞灯，是自镇流的高压汞灯，它用自身的钨丝兼作镇流器。

高压汞灯是利用高压汞蒸汽、白炽体和荧光粉三种发光物质同时发光的复合光源，所

灯的型号	功 率 （W）		光通量 （lm）		工作电压 （V）		电 流 （A）		
	额定值	最大值	额定值	最大值	额定值	最大值	最小值	工 作	预 热
YZ$_6$RR YZ$_6$RL YZ$_6$RN	6	6.5	160 175 180	145 155 160	50	56	44	0.14	0.18
YZ$_8$RR YZ$_8$RL YZ$_8$RN	8	8.5	250 280 285	225 250 255	60	66	54	0.15	0.20
YZ$_{15}$RR YZ$_{15}$RL YZ$_{15}$RN	20	21.5	775 835 880	700 750 790	57	64	50	0.37	0.55
YZ$_{20}$RR YZ$_{20}$RL YZ$_{20}$RN	20	21.5	775 835 880	700 750 790	57	64	50	0.37	0.55
YZ$_{30}$RR YZ$_{30}$RL YZ$_{30}$RN	30	32	1295 1415 1465	1165 1275 1320	81	91	71	0.405	0.62
YZ$_{40}$RR YZ$_{40}$RL YZ$_{40}$RN	40	42.5	2000 2200 2285	1800 1980 2055	103	113	93	0.43	0.65

注 1.RR：发光颜色为日光色。
    2.RL：发光颜色为冷白色。
    3.RN：发光颜色为暖白色。

以光效较高，使用寿命也较长；但启动所需时间长（达 4～8 min），显色性也较差。

常用荧光高压汞灯特性和自整流荧光高压汞灯特性见表 2-9、表 2-10。

型 号	电 压 （V）	功 率 （W）	光通量 （lm）	启动时间 （min）	再启动时间 （min）	寿 命 （h）	灯头型号
GGY—50		50	1575			3500	E27
GGY—80		80	2940			3500	E27
GGY—125		125	4990			5000	E27
GGY—175	220	175	7350	8	10	5000	E40
GGY—250		250	11025			6000	E40
GGY—400		400	21000			6000	E40
GGY—1000		1000	52500			5000	E40

（3）高压钠灯。高压钠灯是一种高气压（压强可达 10^4 Pa）的钠蒸气放电光源。它辐射的光谱集中在人眼较为敏感的区间，因此它的光效比高压汞灯高一倍左右，使用寿命也更长；但启动时间也长，显色性则更差。其接线与高压汞灯相同。

高压钠灯的结构如图 2-7 所示。常用高压钠灯的主要特性见表 2-11。

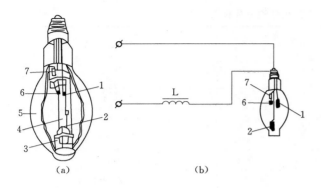

图 2-6 高压汞灯

(a) 结构；(b) 原理电路

1—第一主电极；2—第二主电极；3—金属支架；
4—内层石英玻壳（内充适量汞和氩）；5—外层硬
玻壳（内涂荧光粉，内外玻壳间充氮）；6—辅助
电极（触发极）；7—限流电阻

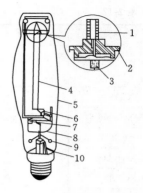

图 2-7 高压钠灯结构

1—金属排气管；2—铌帽；
3—电极；4—陶瓷放电器；
5—硬玻璃外壳；6—管脚；
7—双金属片；8—金属支架；
9—钡消气剂；10—焊锡

表 2-10　　　　　常用自整流荧光高压汞灯特性

型　号	额定电压（V）	额定功率（W）	光通量（lm）	启动时间（min）	再启动时间（min）	寿　命（h）	灯头型号
GYZ160		160	2560				E27/35×30
GYZ250	220	250	4900	5	15	2000	E40/45
GYZ450		450	11000				
GYZ750		750	22500				E40/55

（4）其他气体放电光源。金属卤化物灯是在高压汞灯基础上为改善光色而发展起来的一种光源。它就是在高压汞灯内添加某些金属卤化物，依靠金属卤化物的循环作用，不断提供金属蒸气，在弧光放电的激励下而辐射出该金属的特征光谱线。选择适当的金属卤化物并控制其比例。即可制成各种不同光色的金属卤化物灯。目前较常用的有400W钠铊铟灯和日光色管形镝灯。金属卤化物灯不仅光色好，而且光效也较高。

长弧氙灯是一种充有高气压氙气的高功率的气体放电灯，俗称"小太阳"。高压氙气放电时能产生很强的白光，与太阳光十分近似。这种氙灯特别适于大面积场所照明。常用长弧氙灯的主要特性见表 2-12。

（四）常用照明电光源的主要特性比较

为了便于比较和选用，现将常用电光源主要特性归类见表 2-13。

表 2-11　常用高压钠灯主要特性

型　号	电源电压（V）	额定功率（W）	光通量（lm）	寿命（h）	灯头型号
NG100		100	6000		E27/35×30
NG215		215	16125		
NG250	220	250	25500	5000	E40/45
NG360		360	32400		
NG400		400	38000		
NG1000		1000	100000		E40/54

注　灯启动时间约 10 min。

表 2-12　　　　　　　　　　　　　　　　长弧氙灯的主要特性

型　号	电　参　数		光　参　数	主要尺寸（mm）		寿　命（h）
	电源电压（V）	功率（W）	光通量（lm）	直　径	全　长	
XG1500	220	1500	30000	22	350	1000
XG3000		3000	6000	15±1	720±20	500
XG6000		6000	120000	19±1	1070±10	
XG10000		10000	250000	25±1	1420±30	1000
XG20000		20000	540000	38±1	1700±30	
XSG6000（水冷）		6000	120000	9±4	425±8	500

表 2-13　　　　　　　　　　　　　　常用电光源的主要技术特性对照

特性参数	白炽灯	卤钨灯	荧光灯	高压汞灯	高压钠灯	金属卤化物灯	长弧氙灯
额定功率（W）	15～1000	500～2000	6～125	50～1000	35～1000	125～3500	1500～100000
发光效率（lm/W）	10～20	20～25	40～90	40～70	90～120	60～90	20～40
使用寿命（h）	1000	1000～1500	3000～5000	3500～6000	6000～12000	1000～2000	1000
显色指数 R_a（%）	97～99	95～99	75～90	30～50	20～25	65～90	95～97
启动稳定时间	瞬时	瞬时	1～4s	4～8min	4～8min	4～8min	瞬时
再启动时间	瞬时	瞬时	1～4s	5～10min	10～15min	10～15min	瞬时
功率因数	1	1	0.33～0.7	0.44～0.67	0.44	0.4～0.6	0.4～0.9
频闪效应	无	无	有	有	有	有	有
表面亮度	大	大	小	较大	较大	大	大
电压变化对光通的影响	大	大	较大	较大	大	较大	较大
环境温度对光通的影响	小	小	大	较小	较小	较小	小
耐震性能	较差	差	较好	好	较好	好	好
所需附件	无	无	镇流器起辉器	镇流器	镇流器	镇流器触发器	镇流器触发器

（五）常用电光源类型的选择

电光源类型的选择，应依照明的要求和使用场所的特点而定，而且应尽量选择高效、长寿光源。

（1）灯的开关频繁、需要及时点亮或需要调光的场所，或者不能有频闪效应及需防止电磁波干扰的场所，宜采用白炽灯。如需求高照度时，亦可采用卤钨灯。

（2）悬挂高度在 4m 以下的一般工作场所，考虑到电能的节约，宜优先选用荧光灯。

（3）悬挂高度在 4m 以上的场所，宜采用高压汞灯或高压钠灯；有高挂条件并需大面积照明的场所，宜采用金属卤化物灯或氙灯。

（4）对一般生产车间、辅助车间、仓库、站房以及非生产性建筑物、办公楼、宿舍、厂区通道等，应优先选用简便价廉的白炽灯和荧光灯。

（5）在同一场所，如采用一种光源的显色性达不到要求时，可考虑采用两种或多种光源的混光照明。例如采用高压汞灯与白炽灯的混光照明，既发挥了高压汞灯光效高的优点，又可显现出白炽灯显色性好的长处。又例如采用高压汞灯与高压钠灯的混光照明，既可得到高照度，又比单纯使用高压汞灯省电，而且光色又比单纯使用高压钠灯好，钠灯发出的黄红色光正好与汞灯发出的蓝绿色光互补而产生较满意的光照效果。

二、照明器（灯具）及布置

照明器是根据人们对照明质量的要求，重新分布光源发出的光通、防止人眼受强光作用的一种设备。它包括光源，控制光线方向的光学器件（反射器、折射器等），固定和防护灯泡以及连接电源所必需的组件，供装饰、调试和安装用的部件等。

照明器通称照明灯具或简称灯具。

（一）常用灯具的分类

1．按灯具的配光特性分类

方法有两种，即国际照明委员会（CIE）推荐的分类法和传统的分类。

（1）CIE 分类法是以灯具所发出的光通量，在上、下半球的分配比例分为以下五类，其分类见表 2-14。

表 2-14　　　　　　　　　按光通量在上、下半球空间分配比例分为类

照明器类型		直接型	半直接型	漫射型	半间接型	间接型
光通量分布特性（占照明器总光通量）	上半球	0%～10%	10%～40%	40%～60%	60%～90%	90%～100%
	下半球	100%～90%	90%～60%	60%～40%	40%～10%	10%～0%
特　点		光线集中，工作面上可获得高照度	光线能集中在工作面上，空间也能得到适当照度。比直接型的眩光小	空间各个方向光强基本一致，可达到无眩光，但光损失较大	增加了反射光的作用，使光线比较均匀柔和	扩散性好，光线柔和均匀。避免了眩光和阴影，但光的利用率低
示意图		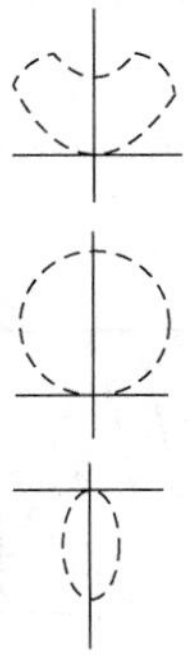	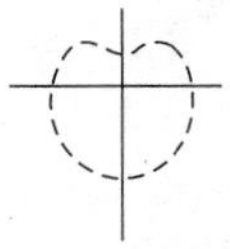	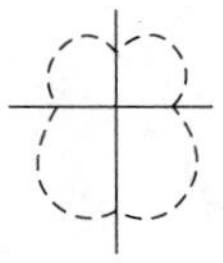	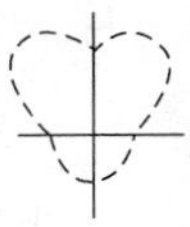	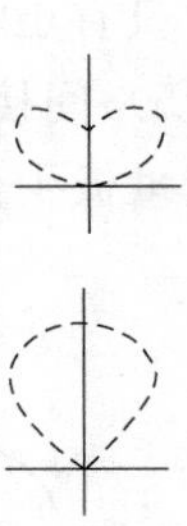

1）直接照明型。灯具向下投射的光通量占总通量的 90%～100%，而向上投射的光通量极少。

直照型灯具的效率较高，容易获得工作面上的高照度，但灯具的上半部几乎没有光通，顶棚较暗，容易引起眩光，并易在光线集中的情况下产生阴影。

如图 2-8 所示有特深照型、深照型、配照型、均匀配照型、广照型灯具。

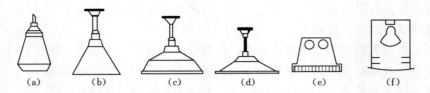

图 2-8　各种直接型灯具

(a) 特深照型；(b) 深照型；(c) 配照型；(d) 广照型；(e) 嵌入式荧光灯；(f) 暗灯

2）半直接照明型。灯具向下投射的光通量占总通量的 $60\%\sim90\%$，向上投射光通量只有 $10\%\sim40\%$。如图 2-9 所示，在灯具上方开缝或采用玻璃菱形、荷叶灯罩等。半直接照明灯具能较多的光线集中照射在工作面上，又使周围空间得到适当的照明，改善室内表面的亮度对比。

3）均匀漫射型。灯具向下投射的光通量与向上投射的光通量差不多相等，各为 $40\%\sim60\%$ 之间。一般用漫射透光材料制成封闭式灯罩，造型美观，光线均匀柔和，但光效较低，如图 2-10 所示。

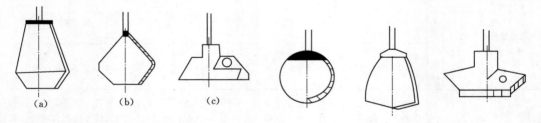

图 2-9　半直接型灯具

(a)玻璃菱形罩灯；(b)玻璃荷叶灯；(c)上方开缝的灯

图 2-10　漫射型灯具

4）半间接照明型。灯具向上投射的光通量占总光通量的 $60\%\sim90\%$，向下投射的光通量只有 $10\%\sim40\%$，如图 2-11 所示。

5）间接照明型。灯具向上投射的光通量占总光通量的 $90\%\sim100\%$，而向下投射的光通量极少，如图 2-12 所示。

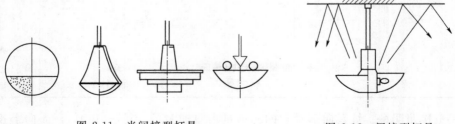

图 2-11　半间接型灯具

图 2-12　间接型灯具

（2）传统分类法是按灯具的配光曲线的形状来分类的方法。

灯具的配光曲线，就是在通过其光源（采用 1000lm 光通量的假想光源）对称轴的平面上，绘出的光强分布曲线。对于一般的灯具，配光曲线描绘在极坐标上。对直接照明型

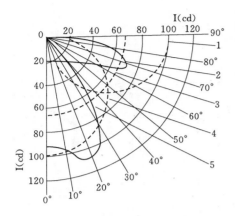

图 2-13 灯具按配光曲线分类
1—正弦分布型；2—广照型；3—漫射型；
4—配照型；5—深照型

灯具，配光曲线均在下半部，而且左右对称，因此往往只绘出其右下部分（0°～90°）的曲线。

按灯具配光曲线的形状，灯具可分为以下五种类型：

1）正弦分布型。如图 2-13 中曲线 1 所示，光强按正弦函数 $\sin\theta$ 分布，在 $\theta=90°$ 时光强最大。

2）广照型。如图 2-13 中曲线 2 所示，最大光强分布在较大角度上，可在较广的地面上形成比较均匀的照度。

3）漫射型。如图 2-13 中曲线 3 所示，各个角的光强基本一致。

4）配照型。如图 2-13 中曲线 4 所示，光强按余弦函数 $\cos\theta$ 分布，在 $\theta=0°$ 光强最大。

5）深照型。如图 2-13 中曲线 5 所示，光通量和最大光强值集中在 0°～30°的狭小立体角内。

2. **按灯具的结构特点分类**

按灯具的结构特点来分，可分为以下五种类型，见图 2-14。

（1）开启型。其光源与外界空间相通，如一般的配照型灯、广照型灯和深照型灯等。

（2）闭合型。其光源被透明灯罩包合，但内外空气仍能流通，如圆球灯、双罩型灯和吸顶灯等。

（3）密闭型。其光源被透明灯罩密封，内外空气不能对流，如防潮灯、防水防尘灯等。

（4）增安型。其光源被高强度透明灯罩密封，且灯具能承受足够的压力，能安全地使用在有爆炸危险的介质的场所。

（5）防爆型。其光源被高强度透明灯罩封闭，但不是靠其密封性来防爆，而是在灯座的法兰与灯罩的法兰之间有一隔爆间隙。当气体在灯罩内部爆炸时，高温气体经过隔爆间隙被充分冷却，从而不引起外部爆炸性混合气体爆炸。因此隔爆灯具也能安全地使用在有爆炸危险介质的场所，它有安全型和隔爆型两种。

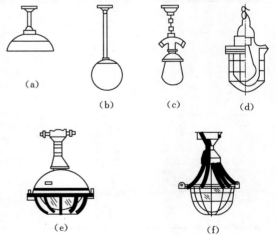

图 2-14 灯具按结构特点分类示例
(a) 开启型；(b) 闭合型；(c) 密闭型；
(d) 防爆型；(e) 安全型；(f) 隔爆型

3. **按安装方式分类**

如图 2-15 所示，根据安装方式不同，大体上可将灯具分为以下几种：悬吊式、吸顶式、壁式、嵌入式、半嵌入式、落地式、台式、庭院式、道路、广场式。

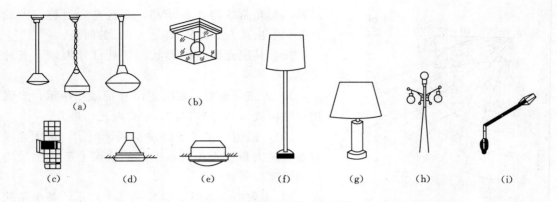

图 2-15　灯具按安装方式分类

(a) 悬吊式（吊线；吊链；吊杆）；(b) 吸顶式；(c) 壁式；(d) 嵌入式；
(e) 半嵌入式；(f) 落地式；(g) 台式；(h) 庭院式；(i) 道路广场式

4. 灯具的选择

灯具的选择，主要从以下几方面考虑。

（1）灯具所配电光源的选择应按照明的要求、使用环境条件和光源特点来选用。表 2-15 列出的各种光源的适用场所可供参考。常用电光源的主要特性可参考表 2-15。

表 2-15　　　　　　　　　　　　　几种光源的适用场所

光 源 种 类	适 用 场 所
白 炽 灯	（1）要求照度不很高的场所 （2）局部照明，应急照明 （3）要求频闪效应小或开关频繁的地方 （4）需要防止电磁波干扰的场所 （5）需要调光的场所
荧 光 灯	（1）照度要求较高，显色性好，且悬挂高度较低的场所 （2）需要正确识别颜色的场所
荧光高压汞灯	照度要求高，但对光色无特殊要求的场所
金属卤化物灯	厂房高，要求照度较高、光色较好的场所
高 压 钠 灯	（1）要求照度高，但对光色无要求的场所 （2）多烟尘的场所

（2）按配光曲线进行选择。

（3）按使用环境进行选择。

（4）按经济效果选择。

（二）常用灯具的布置

1. 对室内灯具布置的要求

室内灯具布置应满足的要求是：①规定的照度；②工作面上照度均匀；③光线的射向适当，无眩光，无阴影；④灯泡安装容量减至最小；⑤维护方便；⑥布置整齐美观，并与建筑空间相协调。

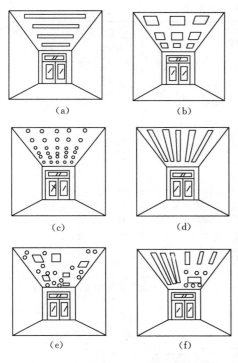

图 2-16 灯具布置所形成的心理效果

室内灯具作一般照明用时，大部分采用均匀布置的方式，只在需要局部照明或定向照明时，才根据具体情况采用选择性布置。

一般均匀照明常采用同类型灯具按等分面积来配置，排列形式应以眼睛看到灯具时产生的刺激感最小为原则。线光源多为按房间长的方向成直线布置；对工业厂房，应按工作场所的工艺布置排列灯具。

必须注意到，灯具布置方法不同，给人心理效果也不同，见图2-16。其中图（c）所示方案使用点光源，有熙熙攘攘热闹的感觉。这对要求沉静的大型绘图设计工作室或办公室就显得不合适，若用于宴会厅照明却是合适的，并且比荧光灯效果好。图（d）所示方案为荧光灯光带顺着长方向连续排列，绘图室可采用此种布灯方式。

2. 灯具的高度布置及要求

如图2-17所示是灯具高度示意图。图中：H为房间高度；h为计算高度；h_0为灯具的垂度；h_p为工作高度；h_s为悬挂高度。

《建筑电气设计技术规程》（JGJ16—83）规定，照明灯具距地面最低悬挂高度见表2-16。此外，还要保证生产活动所需要的空间、人员的安全。

垂度为h_0一般为$0.3 \sim 1.5m$，通常取$0.7m$，吸顶式灯具的垂度为零。

3. 室内灯具的布置方案

室内灯具的布置，与房间的结构及照明的要求有关，既要实用、经济，又要尽可能协调、美观。

一般照明的灯具，通常采用两种布置方案：

（1）均匀布置。灯具在整个车间内均匀分布，其布置与生产设备的位置无关，如图2-18（a）所示。

如图2-19所示，均匀布置方案通常为正方形、矩形和

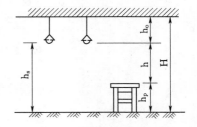

图 2-17　灯具高度布置示意图

菱形。在进行均匀布置时，对顶棚上安装的吊扇、空调送风口、火灾探测器等设备，要统一考虑，统一布置并考虑顶棚的装饰效果。

（2）选择布置。灯具的布置与生产设备的位置有关。大多是按工作面对称布置，力求使工作面能获得最有利的光通方向和消除阴影，如图2-18（b）所示。

4. 灯具布置的合理性

灯具的是否合理，主要取决于灯具的间距L和计算高度h（灯具至工作面的距离）的比值称为（距高比），在高度h已定的情况下，L/h值小，照度均匀性好，但经济性差；L/h值大，照度均匀度差。

表 2-16　　　　　　　　　　　　　　　　照明灯具距地面最低悬挂高度的规定

光源种类	灯具形式	光源功率 （W）	最低悬挂高度 （m）	光源种类	灯具形式	光源功率 （W）	最低悬挂高度 （m）
白 炽 灯	有反射罩	≤60 100～150 200～300 ≥500	2.0 2.5 3.5 4.0	荧光高压汞灯	有反射罩	≤125 250 ≥400	3.5 5.0 6.5
	有乳白玻璃 反 射 罩	≤100 150～200 300～500	2.0 2.5 3.0	高压汞灯	有反射罩	≤125 250 ≥400	4.0 5.5 6.5
卤 钨 灯	有反射罩	≤500 1000～2000	6.0 7.0	金属卤化物灯	搪瓷反射罩 铝抛光反射罩	400 1000②	6.0 14.0
荧 光 灯	无反射罩	<40 >40	2.0 3.0	高压钠灯	搪瓷反射罩 铝抛光反射罩	250 400	6.0 7.0
	有反射罩	≥40	2.0				

注 1. 表中规定的灯具最低悬挂高度在下列情况下低 0.5 m，但不应低于 2 m。一般照明的照度低于 30lx 时；房间
长度不超过灯具悬挂高度的 2 倍；人员短暂停留的房间。

2. 当有紫外线防护措施时，悬挂高度可适当降低。

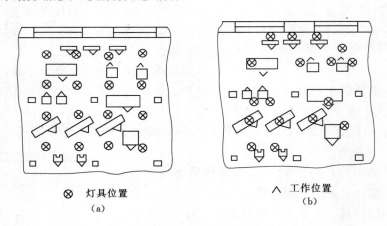

⊗　灯具位置　　　　　　　　∧　工作位置
（a）　　　　　　　　　　　　（b）

图 2-18　一般照明灯具的布置

（a）均匀布置；（b）选择布置

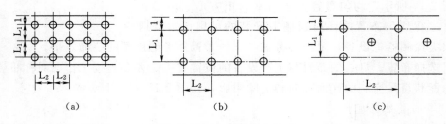

（a）　　　　　　　　　（b）　　　　　　　　　（c）

图 2-19　水平布置的三种方案

（a）正方形；（b）矩形；（c）菱形

36

通常每种灯具都有一个最大允许距高比，见表2-17。它是根据灯具的配光曲线，并按平方反比法计算得出。如图2-20所示。M、N是两个相同的灯具，P点是M在工作面上的垂足点，当工作面上Q点的照度等于P点的照度时，这两个灯具的距离L与计算高度h之比，即为这种灯具的最大允许距高比。对于非对称配光灯具（如荧光灯），则有A-A向和B-B向的最大允许距高比。

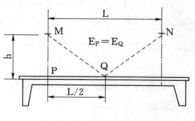

图 2-20　最大允许距
高比的定义图示

在校核距高比L/h时，如图2-19，图（a）所示方案取$L=L_1=L_2$；图（b）所示方案取$L=\sqrt{L_1 L_2}$；图（c）所示方案取$L=\sqrt{L_1^2+L_2^2}$。

灯具布置是否合理，除距高比恰当外，还要考虑灯具与墙的距离。对称配光灯具与非对称配光灯具不同的要求。

表 2-17　　　　　　　　　部分灯具的最大允许距高比

照　明　器	型　　号	光源种类及容量（W）	最 大 允 许 值 L/h		最低照度系数 Z 值
			A-A	B-B	
配照型照明器	GC1 $\frac{A}{B}$－1	B150 G125	1.25 1.41		1.33 1.23
广照型照明器	GC3 $\frac{A}{B}$－2	G125 G250	0.98 1.02		1.32 1.33
深照型照明器	GC5 $\frac{A}{B}$－3	B300 G250	1.40 1.45		1.29 1.32
	GC5 $\frac{A}{B}$－3	B300，500 G100	1.40 1.23		1.31 1.32
筒式荧光灯	YG1－1 YG2－1	1×40	1.61 1.46		1.29 1.28
	YG2－2	2×40	1.33		1.29
吸顶式荧光灯	YG6－2 YG6－3	2×40 3×40	1.48 1.5	1.22 1.26	1.29 1.30
照入式荧光灯	YG15－2 YG15－3	2×40 3×40	1.25 1.07	1.20 1.05	— 1.30
搪瓷罩卤钨灯 卤钨吊灯 筒式双层卤钨灯	DD3－1000 DD1－1000 DD6－1000	1000	1.25 1.08 0.62	1.40 1.33 1.33	
房间较低并且反射条件较好		灯排数≤3 灯排数>3			1.15～1.2 1.10
其他白炽灯（B）布置合理时					1.1～1.2

37

图 2-21 所示是对称配光灯具布置图。在进行距高比计算时，根据房间的大小、用途选定合适的灯具后，先算出计算高度 h，再查表 2-17 得出该灯具的最大允许距高比，最后按下式计算灯具间应取的距离 L。

$$L \leqslant (最大允许距高比) \times h \tag{2-1}$$

最边行对称配光灯具与墙壁之间的距离，可按下面的规定进行选取。

靠墙有工作面时 $\qquad L' = (0.25 \sim 0.3) L \tag{2-2}$

靠墙为通道时 $\qquad L' = (0.4 \sim 0.5) L \tag{2-3}$

图 2-22 所示是非对称配光（如荧光灯）灯具布置图。其中 L' 为灯具 A-A 向的中心距离，L″ 为高 B-B 向的中心距离。在确定计算高度后，查表 2-17 得出所选用灯具 A-A 向和 B-B 向的最大允许距高比，然后按式（2-4）、式（2-5）计算 L' 和 L″。

$$L' \leqslant (最大允许距高比)_{A-A} \times h \tag{2-4}$$

$$L'' \leqslant (最大允许距高比)_{B-B} \times h \tag{2-5}$$

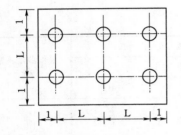

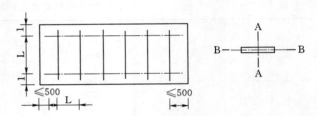

图 2-21　对称配光灯具布置图　　　　图 2-22　不对称配光灯具布置图

最边行灯具与墙壁的距离 L 为

$$L = \left(\frac{1}{3} \sim \frac{1}{4} \right) L' \tag{2-6}$$

由于荧光灯两端部照度较低，并且有扇形光影，所以灯具两端与墙壁的距离不宜大于 500 mm，一般取 300～500 mm。

例 2-1　某车间的平面面积 18 m×30 m，桁架的跨度为 18 m，离地面高度为 5.5 m，桁架之间相距 6 m，工作面离地 0.8 m。拟采用 GC1—A—1 型工厂配照型灯（装 220 V、150 W 白炽灯）作车间的一般照明。试初步确定灯具的布置方案。

解　根据车间的结构来看，灯具宜悬挂在桁架上。如灯具下吊 0.5 m，则灯具离地高度为 5.5 m－0.5 m＝5 m。这一高度符合表 2-16 规定的最低悬挂高度的要求。

由于工作面离地 0.8 m，故灯具在工作面上的悬挂高度 h＝5 m－0.8 m＝4.2 m。而由表 2-7 知，这种灯具的最大允许距高比为 1.25，因此灯具间较合理的距离为

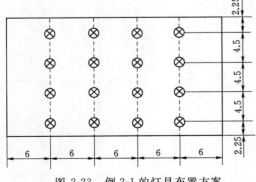

图 2-23　例 2-1 的灯具布置方案

$$L \leqslant 1.25h = 1.25 \times 4.2m = 5.3$$

根据车间的结构和上面计算所得的较合理的灯距,初步确定灯具布置方案如图 2-23 所示。该布置方案的灯距 $L = \sqrt{4.5 \times 6\ m} = 5.2\ m < 5.3\ m$,符合要求。

但此方案能否满足照明要求,还有待进一步照度计算来检验。

第三节　照度计算与经济分析

一、照度的计算

当灯具的形式、悬挂高度及布置方案初步确定之后,就应该根据初步拟定的照明方案计算工作面上的照度,检验是否符合照度标准的要求;也可以在初步确定灯具型式和悬挂高度之后,根据工作面上的照度标准要求来计算灯具数目,然后确定布置方案。

照度的计算方法,有利用系数法、概算曲线法、比功率和逐点计算法等。前三种都只计算水平工作面上的平均照度;其中概算曲线法,实质上是利用系数法的实用简化。后一种可用来计算任一倾斜面包括垂直面上的照度。这里只介绍利用系数法和比功率法。

(一) 利用系数法

1. 利用系数的概念

照明光源的利用系数是表征照明光源的光通量有效利用程度的一个参数用投射到工作面上的光通量(包括直射光通和多方反射到工作面上的光通)与全部光源发出的光通量之比来表示,即

$$\mu = \Phi_e / (n\Phi) \tag{2-7}$$

式中　Φ_e——投射到工作面上的有效光通量;

　　　Φ——每盏灯发出的光通量;

　　　n——灯的盏数。

利用系数 μ 与下列因素有关:

(1) 与灯具的型式、光效和配光曲线有关。灯具的光效越高,光通越集中,利用系数也越高。

(2) 与灯具悬挂高度有关。悬挂越高,反射光通越多,利用系数也越高。

(3) 与房间的面积及形状有关。房间的面积越大,越接近于正方形,则由于直射光通越多,因此利用系数也越高。

(4) 与墙壁、顶棚及地板的颜色和洁污情况有关。颜色越浅,表面越洁净,反射的光通越多,因而利用系数也越高。

在确定了利用系数后,用下式计算工作面上的平均照度

$$E_{av} = \frac{\mu K n \Phi}{A} \tag{2-8}$$

式中　E_{av}——工作面的平均照度 (lx);

　　　μ——利用系数;

　　　K——减光系数 (维护系数),参考值见表 2-18;

　　　n——灯的盏数;

Φ——每盏灯发出的光通量（lm）；

A——受照工作面的面积（m²）。

若已知工作面上的平均照度标准，并已初步确定灯具型式、功率时，则可由下式计算灯具的数量

$$n = \frac{E_{av}A}{\mu K\Phi} \tag{2-9}$$

表 2-18 减光系数（维护系数）参考值

环境特征	照 明 场 所 示 例	减光系数 K
清 洁	仪器仪表的装配车间，电子元器件的装配车间，实验室，设计室，办公室等	0.8
一 般	机械加工车间，机械装配车间，织布车间	0.7
脏 污	锻工车间，铸造车间，碳化车间，水泥厂球磨车间等	0.6
户 外	道路、广场	0.7

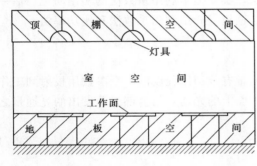

图 2-24 计算室空间比的说明图

2. 利用系数的确定

由表 2-19 所列 $GC1—\frac{A}{B}—1$ 型工厂配照灯的利用系数可以看出，利用系数值应按墙壁和顶棚的反射系数及房间的受照特性用一个室空间比（RCR）的参数来表示。

如图 2-24 所示，一个房间按受照情况的不同，可分为三个空间：最上面为顶棚空间，工作面以下为地板空间，中间部分则称为室空间。对于装设吸顶灯或嵌入式灯具的房间，没有顶棚空间；而工作面为地面的房间，则无地板空间。

室空间比 RCR 按下式确定

$$RCR = \frac{5h_{RO}(l+b)}{lb} \tag{2-10}$$

式中　h_{RO}——室空间高度；

　　　l——房间的长度；

　　　b——房间的宽度。

根据墙壁、顶棚的反射系数（参看表 1-4）及室空间比 RCR，就可以从相应的灯具利用系数（表 2-19）中查出其利用系数。

3. 最低照度系数

最低照度系数是指工作面上的平均照度与最低照度之比，其定义式为

$$Z = \frac{E_{av}}{E_{min}} \tag{2-11}$$

式中　Z——最低照度系数；

　　　E_{av}——工作面上的平均照度（lx）；

E_{min}——工作面上的最低照度（lx）。

若灯具的距高比不超过所允许的极限值，那工作面上的最低照度点都集中在 工作面上的四边四角处。许多地方将最低照度系数与距高比的最大允许值同表列出，如表 2-17 则是灯具以最有利的 L/h 值布置时的最低照度系数 Z 值。

表 2-19   **GC1$-\dfrac{A}{B}-1$ 型工厂配照灯的主要技术数据**

1. 主要规格数据

规 格	数 据	规 格	数 据
光源功率	白炽灯 150W	灯具效率	85%
保护角	8.7°	最大距高比	1.25

2. 灯具外形及配光曲线

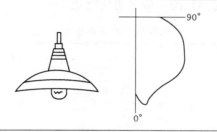

3. 灯具利用系数

顶棚反射系数 ρ_a（%）		70			50			30		0
墙壁反射系数 ρ_w（%）		50	30	10	50	30	10	50	30	10	0
室空间比	1	0.85	0.82	0.78	0.82	0.79	0.76	0.78	0.76	0.74	0.70
	2	0.73	0.68	0.63	0.70	0.66	0.61	0.68	0.63	0.60	0.57
	3	0.64	0.57	0.51	0.61	0.55	0.50	0.59	0.54	0.49	0.46
	4	0.56	0.49	0.43	0.54	0.48	0.43	0.52	0.46	0.42	0.39
	5	0.50	0.42	0.36	0.48	0.41	0.36	0.46	0.40	0.35	0.33
	6	0.44	0.36	0.31	0.43	0.36	0.31	0.41	0.35	0.30	0.28
	7	0.39	0.32	0.26	0.38	0.31	0.26	0.37	0.30	0.26	0.24
	8	0.36	0.28	0.23	0.34	0.28	0.23	0.33	0.27	0.23	0.21
	9	0.32	0.25	0.20	0.31	0.24	0.20	0.30	0.24	0.20	0.18
	10	0.29	0.22	0.17	0.28	0.22	0.17	0.27	0.21	0.17	0.16

例 2-2   试计算例 2-1 所初步确定的灯具布置方案（图 2-23）在工作面上的平均照度。

解   该车间的室空间比为

$$\text{RCR} = \frac{5 \times 4.2 \times (18 + 30)}{18 \times 30} = 1.87$$

假设该车间顶棚的反射系数 $\rho_0 = 50\%$，墙壁的反射系数 $\rho_w = 50\%$，因此运用插入法可由表 2-19 查得利用系数 $\mu \approx 0.72$。由表 2-18 取减光系数 $K = 0.7$。再由表 2-7 查得灯具所装 150W 白炽灯的光通量 $\Phi = 2090 \text{lm}$；而从图 2-13 知 $n = 16$。

因此按式（2-8）即可求得该车间水平工作面上的平均照度

$$E_{av} = \frac{0.72 \times 0.7 \times 16 \times 2090lm}{30m \times 18m} = 31.21lx$$

（二）比功率法

1. 比功率的概念

照明光源的比功率就是单位面积上照明光源的安装功率，用每单位被照水平面上所需光源的安装功率来表示

$$P_0 = P_\Sigma / A = nP_L / A \tag{2-12}$$

式中　P_Σ——受照房间总的光源安装功率（W）；

　　　P_L——每盏灯的功率（W）；

　　　n——受照房间灯的盏数；

　　　A——受照房间的水平面积（m^2）。

表 2-20 列出采用工厂配照灯的一般照明的比功率参考值，供参考。

表 2-20　　　　　　　　　　　　　配照灯的比功率参考值

灯具在工作面上的高度（m）	被照面积（m^2）	白炽灯平均照度(lx)						
		5	10	15	20	30	50	75
3～4	10～15	4.3	7.5	9.6	12.7	17.0	26	36
	15～20	3.7	6.4	8.5	11.0	14.0	22	31
	20～30	3.1	5.5	7.2	9.3	13.0	19	27
	30～50	2.5	4.5	6.0	7.5	10.5	15	22
	50～120	2.1	3.8	5.1	6.3	8.5	13	18
	120～300	1.8	3.3	4.4	5.5	7.5	12	16
	300 以上	1.7	2.9	4.0	5.0	7.0	11	15
4～6	10～17	5.2	8.9	11.0	15.0	21.0	33	48
	17～25	4.1	7.0	9.0	12.0	16.0	27	37
	25～35	3.4	5.8	7.7	10.0	14.0	22	32
	35～50	3.0	5.0	6.8	8.5	12.0	19	27
	50～80	2.4	4.1	5.6	7.0	10.0	16	22
	80～150	2.0	3.3	4.6	5.8	8.5	12	17
	150～400	1.7	2.8	3.9	5.0	7.0	11	15
	400 以上	1.5	2.5	3.5	4.0	6.0	10	14

2. 按比功率法估算照明灯具的安装功率

如果查得所计算车间的比功率为 P_0，则该车间一般照明总的安装功率为

$$P_\Sigma = P_0 A \tag{2-13}$$

因此每盏灯具的灯泡功率为

$$P_L = P_\Sigma / n = P_0 A / n \tag{2-14}$$

例 2-3　试用比功率法计算例 2-1 所示车间一般照明装有 150W 白炽灯的 GC1—A—1型工厂配照灯的灯数，设平均照度 $E_{av} = 30lx$。

解　由 h=4.2m、$E_{av}=30lx$ 及 A=18m×30m=540m^2，查表 2-20 得 $P_0 = 6W/m^2$。

因此该车间一般照明总的安装功率为

$$P_\Sigma = P_0 A = 6 \times 540 = 3240 \text{(W)}$$

$$n = P_\Sigma / P_L = 3240/150 = 22 \text{(盏)}$$

按图 2-23 的布置方式，每个桁架上应布置 6 盏灯；沿桁架的灯间距离为 3m，边上的灯与墙的距离为 1.5m。

二、照明的节能与经济分析

（一）照明节能措施

照明装置节能，一方面要节约电能消耗；另一方面要减少电能浪费。要做到这点，必须根据电气设备的特点采取具体的节能措施，具体有以下几种主要的节电方法：

1. 减少配电线路的损耗

配电方式涉及到所有的电气设备，配电线路的损耗视配电方式不同而有很大差别。如单相二线式损耗比为 100%，而单相三线式、三相三线式、三相四线式的损耗比分别为 25%、50%、16.70%。

2. 降低照度

在不妨碍工作学习的前提下适当降低照度。

3. 提高灯具的利用系数

采用效率高的节能灯具或光束效率高的产品。

4. 提高维护系数

选用灯具效率逐年降低比例较小的灯具，并定期清扫灯具和更换灯泡。

5. 采用节能措施

采用声控开关等节能措施。

6. 减少镇流器损耗

积极推广采用低损耗节能镇流器和安装电容器进行无功补偿。

（二）照明的经济性计算

光源在它的寿命期限内，其平均单位时间和单位光通量所需要的照明费用用下式表示

$$C = \frac{p + C_t}{\Phi T} \tag{2-15}$$

式中　C_t——灯泡的价格（元）；

　　　Φ——光源的总光通量（lm）；

　　　T——灯泡的寿命（h）；

　　　p——灯泡寿命期间所消耗的电费（元）。

灯泡寿命期间所消耗的电费计算如下式

$$p = \frac{(W_t + W_z)T}{10^3} P \tag{2-16}$$

式中　W_t——灯泡输入功率（W）；

　　　W_z——镇流器损耗（W）；

　　　P——电费单价［元/（kW·h）］。

例 2-4　分别求出 40W 荧光灯管和 150W 白炽灯的经济指标，即照明费用，并对它们

作出比较。其中：

（1）YZ40 型荧光灯：$W_t = 40W$，$C_t = 20$ 元，$W_z = 8W$，$T = 3000h$，$\Phi = 2400lm$，$P = 0.30$ 元/（kW·h）。

（2）PZ220—150 型白炽灯：$W_t = 150W$，$C_t = 2.0$ 元，$T = 1000h$，$\Phi = 2090lm$，$P = 0.30$ 元/（kW·h）。

解 （1）
$$p_1 = \frac{(40+8) \times 3000}{10^3} \times 0.30 = 43.20 \text{（元）}$$

$$C = \frac{43.2 + 20}{2400 \times 3000} = 8.78 \times 10^{-6} \text{［元/（lm·h）］}$$

（2）
$$p_2 = \frac{150 \times 1000}{10^3} \times 0.30 = 45.00 \text{（元）}$$

$$C = \frac{45 + 2.0}{2090 \times 1000} = 22.49 \times 10^{-6} \text{［元/（lm·h）］}$$

（3）两者进行比较，得

$$p_1/p_2 = \frac{8.78 \times 10^{-6}}{22.49 \times 10^{-6}} = \frac{0.39}{1}$$

由以上数据可知，荧光灯管的价格是由白炽灯价格的 10 倍，而照明费用则只有白炽灯的 1/3。两者发出的光通量相接近，但荧光灯的消耗功率只有白炽灯的 1/3。荧光灯的使用寿命是白炽灯的 3 倍。可见，光源的寿命越长和发出的光通量越大，照明费用越低。

第四节　建筑化照明

建筑化照明是指照明装置有机地融合成为建筑的一部分，或利用建筑装饰元件作为灯具的组成部分。因此，建筑化照明的功能除了保证良好的明视条件外，还对建筑提供光照装饰。

一、效果分析

由于任何物体的形状显示和立体感都取决于光照条件，因而建筑处理的外观印象也取决于照明空间内光和影的分布；不同的建筑构图，多元化的建筑风格，必然对照明空间内光通分布的选择产生不同的影响。

常用的各种形式的建筑化照明所产生的不同效果分述如下：

（一）发光顶棚

在透光吊顶与建筑结构之间装灯，便形成发光顶棚，它能提供模拟昼光照明的气氛。亮度均匀的大面积发光顶棚很容易形成光线柔和的漫射照明。在一些高大的厅堂内采用浅浮雕和花纹线角等装饰时，漫射照明难以充分显现出这些装饰件的形状、尺寸和立体感。如果顶棚和墙壁的色调相似，均匀的漫射也容易产生单调感觉。为了避免这种情况，可适当减少顶棚发光部分的面积，并注意控制室内色调的分布，以便在视野中形成亮度和色度的变化，或另增设壁灯、吊灯等，以增加定向的直射光部分。

（二）发光墙板

在透光墙板与建筑结构之间装灯，并形成发光墙板。对于近处的视觉工作，它是一个的良好的适宜背景，对于整个房间来讲，又是一个悦目的远景。如在漫射表面镶贴图案花纹，内部加装彩色灯光，则更富有装饰性。

（三）檐板照明

利用与墙平行的不透光檐板遮挡光源，将墙壁照亮的一种照明装置。檐板是建筑装饰物件的一部分，设在墙上或固定在顶棚上。光线向下照射，给护墙板、帷幔、壁饰带来戏剧性的光照效果。另一种常用的形式是光檐，它的檐口向上而且净高较小的房间。使灯光经顶棚反射下来，属间接照明，还常用于较大的厅堂。采用这种方式时，应注意选择光源的位置，檐口小墙的高度应使站在房间最远的人望不到檐口内的裸灯，以防眩光。当厅堂内有挑台、楼梯时，也应注意满足这一要求。

（四）暗灯槽照明

用墙上挑出的壁檐或水平的凹檐遮挡光源，将光投射到顶棚和墙壁上的一种照明装置。

由此可见，建筑化照明在形式上是丰富多彩的，它给我们带来了更多的技术手段，同时提供更多的比较和选择。

二、技术处理

（一）发光顶棚

图 2-25 是三种发光顶棚的构造简图。发光顶棚只有在照度水平较高的情况下才采用。

发光顶棚应当有亮度均匀的外观，这要求灯的间距与灯到顶棚表面的高度之比（L/h）控制在 L/h≤1.5～2.0 范围以内。顶棚内若有通风口等障碍物时，L/h 应取得小些。如灯具装有反射器，则 L/h<1.5。

为避免直接眩光，发光顶棚的表面亮度必须控制在 500cd/m² 以下，但又要满足较高的照度要求，故通常采用整片格栅代替漫射稳定光板或棱镜塑料板。格栅用金属薄片或塑料板构成，在正常视线内，格片构成的保护角（一般为 30°～45°）能将光源遮住；大部分灯光透过格孔照射下来，一部分经过格片的反射或透射后散射在室内。这样，即使将格片涂黑（$\rho=0$），表面亮度为零，室内仍有一定的照度。

格栅顶棚还有以下的优点：①调节格片的角度，可获得定向照度分布；②通风散热好，减少设备层内灯的热量积蓄；③比平置的透光材料积灰尘的机会少；④外观生动，

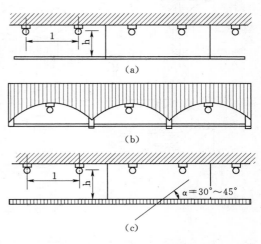

图 2-25　发光顶棚构造简图

利用格栅孔几何图样变化、格片高度的错落有致，以及格片的颜色和质感，能取得丰富的装饰效果。

图 2-26 列出几种典型的格栅结构。图（a）用金属或塑料薄片拼装，格片高度一般为 20～50mm，格孔尺寸 25～75mm；图（b）蜂窝状（六角形）薄铝片，用粘接和拉伸的方法制作，网孔小，重量轻，加工工艺简单；图（c）半透明塑料薄膜热压成形的空心圆形透光

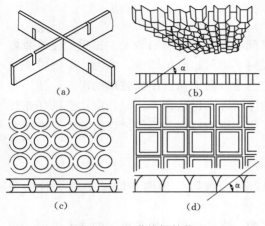

图 2-26 几种格栅结构

格栅，高度和孔径不超过 20mm 左右，在灯光照射下，网孔像"晶粒"一样，很好看；图 (d) 塑料压铸，表面镀一层金属的饰面。因为网孔的断面是抛物面，使落在孔壁上的光线径直向下反射，所以侧向看去亮度很低，叫做低亮度格栅。以上无论哪一种都是做成 $1m^2$ 左右的单元构件，铺设在吊挂的龙骨单元内，形成整片的格栅顶栅。灯的间距 L 与灯离格片的高度 h 之比对不透光的格片应限制在 L/h<1.5～1.0，透光的格片材料 L/h≤1.5～2.0 即可。灯的 L/h 过大，会在格栅表面形成明暗相间的条纹，失去发光顶棚的效果。

　　发光顶棚的光源宜采用荧光灯，因为它的光效高，散热少，发光面大，同时，要选用透射比高的顶棚材料，设备层饰以浅色，并经常清扫维修。为便于维护，灯与格栅之间应留有足够的距离，或使用移动式格栅。

　　（二）暗灯槽

　　暗灯槽照明装置的几种形式见图 2-27 所示。最常见的是光檐。

　　室内单侧设光檐时，由灯中疏至顶棚的距离 D 应为顶棚跨度 L_c 的 1/4 以上，两侧设

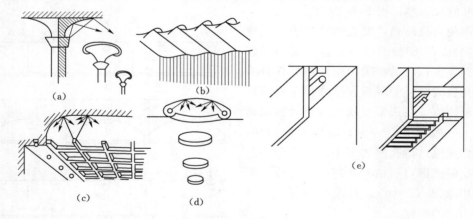

图 2-27　暗灯槽照明装置

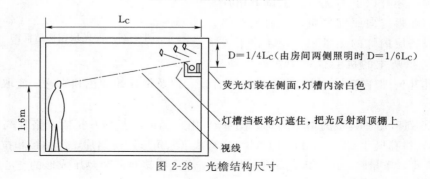

图 2-28　光檐结构尺寸

46

光檐时 $D \geqslant 1/6L_c$，这样才能将顶棚均匀地照亮。不允许光檐设得太低时，可改用光龛等形式，这时 L_c 为两行暗灯槽或光梁间的距离。为了获得最大的光输出，光檐挡板高度要尽量小，但以遮住人的视线为限（图2-17）。

为了使亮度沿漫射的发光元件表面均匀分布，应注意掌握漫射材料的光学性能、灯间距离、灯和漫射材料表面距离等基本尺寸间的关系。

第五节　工　厂　照　明

工厂包括的范围很广，从基础工业的巨大厂房以及精细的显微电子工业的超净车间，它们对于照明的要求是迥然不同的。但对于容易看、不疲劳的要求则是相同的。

工厂的照明必须满足生产和检验的需要，这两项工作的要求在某些情况下是相似的，在另一些情况下，特别是生产工序自动化的情况下，检验工作就需要单独的照明设备。

为提高人们的劳动热情和干劲，要求有舒适的生产环境。在这方面，照明也是具有十分重要的意义。

一、照明质量

根据视觉功能的研究可知，对比敏感度的变化是亮度（照度）的函数，在达到某一对比敏感度值以前，增加亮度（照度）对于提高对比敏感是很有效的。图2-29给出了某制造厂用同一设备生产相同产品，当照度由50lx提高到200lx时，在工伤事故次数、差错件数和由于疲劳而缺勤三方面的比较，可以看出在两种照度情况下有显著的差别。

一般的照明规范由于要求的视觉功能不同，所以在实际使用中，关于工业生产所需的照度差别较大。我国《工业企业照明设计标准》规定的生产车间工作面上的平均使用照度值，还规定了厂区露天工作场所和交通运输线的照度值。如表1-5所示。

设计标准规定工作区或一般照明的照明均匀度不得小于0.7。非工作区的照度与工作区照度之比不小

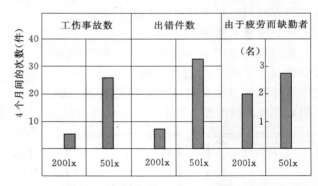

图2-29　同一设备同一产品的新旧照明的比较

于1/5。根据近年来对工作环境的研究发现，均匀无变化的环境影响人的觉醒程度，而觉醒程度又影响到工作效率，一般难度较高的工作要求觉醒程度低一些，环境应以均匀少变化为主，而难度低的工作则要求环境多一些变化，但觉醒程度太高后，又要产生分散注意力而降低工作效率，故均匀度的问题尚待深入研究。

二、一般照明

（一）高大厂房（高度一般大于15m）

其一般照明采用高强气体放电灯作光源，采用较窄光束的灯具 层架下弦，并与装在墙上或柱上的灯具相结合，以保证工作面上所需要的照度，见图2-30。

（二）一般高度为5m及以下的厂房

可采用荧光灯为主要光源，灯具布置可以与梁垂直，也可以与梁平行，见图2-31所示。最好不用裸灯管，注意减小光源与顶棚的亮度对比。

在成片的单层厂房和多层厂房中常常使用传送带进行工作。若有传送带时可如图2-32所示的布置，在传送带和两旁的工作位置上，均有相应的光带。在使用这种装得较低的光带时，灯具亮边的方向应给予特别注意。在连续或近乎连续生产时，视线的主要方向应与灯管平行，也就是看着灯管的端部。在工作中有时难以避免有光泽的表面，故为了避免反射眩光，灯具下口应适当考虑遮挡，例如使用格栅或棱镜面板等。

在有空调的厂房内，当用顶棚空间做回风箱时，可以采用空调式灯具半空调的风口与灯具结合成一体，既解决了风口与灯具抢位置的矛盾，又可以节能，但必须注意此时风口应为空调的回风口而不是进风口。

三、控制室照明

工业控制室中主要装设直立的控制盘和有斜面或水平面的控制台，值班人员的视力工作是持续的且比较紧张的，所以控制室的照明要求较高的照度（100～300lx）。应有较好的亮度分布和色彩分布，并应无直射眩光和反射眩光。同时，应与声、热等其他环境因素综合考虑，以创造一个良好的室内环境。控制室照明应有很高的可靠性和稳定性。要求垂直面上有足够的照度，同时要注意水平面与垂直面不要有过大的亮度差别。一般采用荧光灯。照明装置普遍采用低亮度漫射照明装置或方向照明装置，即利用倾斜安装的或带有方向性配光的灯具组成发光天棚或嵌入式或半嵌入式光带。

四、检验工作照明

对于一般的检验工作，检验人员的视力及其适应性、熟练程度是最重要的，其次是被检验物的性质以及照明方式。检验

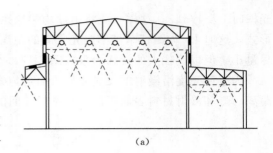
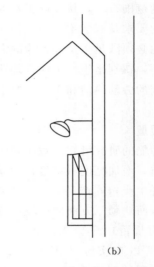

图 2-30　高大厂房灯具布置

（a）顶灯；（b）柱上安装灯具

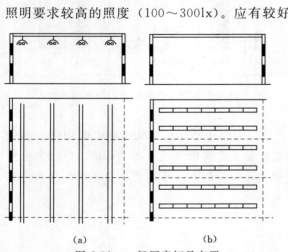

（a）　　　　　　（b）

图 2-31　一般厂房灯具布置

（a）灯具与梁垂直；（b）灯具与梁平行

图 2-32　灯具与传送带

对象中，对于视觉工作最困难的情况是：①被检验对象非常小；②被检验对象与背景亮度和颜色的对比度都很小；③被检验物体高速运动着；④要辨别微小的颜色差异。对于上述这四种最困难的情况，采用合适的照明方式能使眼睛的辨别工作变得容易起来。为了找出合适的照明方式，需要很好研究上述几个主要因素的基本关系，有时还需要进行照明效果的评价实验。检验工作照明各种因素的关系见图 2-33 所示。

取决于检验对象的性质工作照明基本列于表 2-21。要观察物体有无光泽及明暗程度时，照明方式的影响很大。恰当地采用集中照明或漫射照明，调整照明与观察的方向和角度，都可以使观察的东西更加容易引人注目。

五、特殊场所照明

工厂内的特殊场所一般指周围环境条件与一般常温干燥房间不同的场所，如多尘、潮湿、有腐蚀性气体、有火灾或爆炸危险的场所等。这些场所的照明要着重考虑安全、可靠性、便于维护和有较好的照明效果。下面分别说明各种环境不同时对灯具的防护要求。

（一）多尘场所

多尘场所的环境有下列三方面的特征：①生产过程中，空间常有大量尘埃飞扬并沉积在灯具上，造成光损失，效率下降（指普通粉尘场所，不包括可燃的火灾或有爆炸危险的粉尘场所）。②导电、半导电粉尘聚积在电气绝缘装置上，受潮时，绝缘强度下降，易发生短路。③当粉尘积累到一定程度，并伴有高温热源时，可能引起火灾或爆炸。因此防护的目的是减少光源及反射器上粉尘造成的灯具效率下降。灯具选用如下：①采用整体密闭式防尘灯。将全部光源及反射器都密闭在灯具之内，这样被污染的机会少，灯具的效率高。②灰尘不太多的场所用开启灯具。③采用反射型灯泡，不易污染，维护工作少。

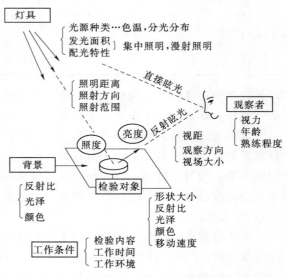

图 2-33　检验工作照明的关系因素图

（二）潮湿场所

特别潮湿的环境是指相对湿度在 95% 以上，充满潮气或常有凝结水出现的场所。它使灯具绝缘水平下降，易造成漏电或短路。人体电阻也因水分多而下降，增加触电危险，且灯具易锈蚀。为此，灯具的引入线处应严格密封，以保证安全。在选择灯具时应注意其外壳防护等级要符合防潮气进入的要求（防潮型）。

（三）腐蚀性气体场所

当生产过程中溢出大量腐蚀性介质气体或在大气中含有大量盐雾、二氧化硫气体等时，

表 2-21　　　　　　　　　　　　　　检验工作照明的基本形式

序　号	1	2	3	4	5
基本形式					
光　源	置于被检验物上方	置于被检物前方	置于被检物前下方	漫射性面光源	漫透射面光源
漫射型灯具	光泽平面上的凹凸、弯曲（金属、塑料板等）	半光泽面上的亮斑、凹（布、丝织物的纺织不匀、疵点、起毛等）	强调平面上的凹凸（布、丝织物的纺织不匀、疵点、起毛等）	光泽面上的一致性、瑕疵（金属、玻璃等）光泽面的翘曲，凹凸由反射像的变形来观察光源面上的条纹、格子的直线样子	透明体内的异物、裂痕、气泡（玻璃、液体等）半透明体的异物、不均匀（布、棉塑料等）但是，对于带有白色的异物，要用黑色背景，以聚光性灯具照射
集光型灯具	光泽面的瑕疵、划线、冲孔、雕刻等	粗面上的光泽部分（金属磨损、涂料的剥落等）	强调平面上的凹凸（板材、铅字、纸板等的翘曲、凹凸）		

对灯具或其他金属构件会造成浸蚀作用。如铸铁、铸铝厂房溢出氟气和氯气；电镀车间溢出酸性气体；化学工业中溢出各种有腐蚀性气体的场所。

因此，选用灯具时应注意下列几点：①腐蚀严重场所用密闭防腐灯，选择抗腐蚀性强的材料及其面层制成灯具。常用材料的性能是：钢板耐碱性好而耐酸性差；铝材耐酸性好而耐碱性差；塑料、玻璃、陶瓷抗酸、碱腐蚀性均好。②对内部易受腐蚀的部件实行密闭隔离。③对腐蚀性不强烈的场所可用半开启式防腐灯。

（四）火灾危险场所

在生产过程中，产生、使用、加工、贮存可燃液（H—1 级）或有悬浮状堆积可燃性粉尘纤维（H—2 级）以及固体可燃性物质（H—3 级）时，若有火源或高温热点，其数量或配置上能引起火灾危险的场所称为有火灾危险的场所。（H—1 级：地下油泵间、贮油槽、油泵间、油料再生间、变压器拆装修理间、变压器油存放间等；H—2 级：煤粉制造间、木工锯料间；H—3 级：裁纸房、图书资料档案库、编辑品库、原棉库等）。

为防止灯泡火花或热点成为火源而引起火灾，固定安装的灯具在 H—2 级场所应采用半光源隔离密闭的灯具，如防尘防水灯具（IP—55）；在 H—1 级场所宜采用 IP—X5 而在 H—3 级场所可采用一般开启式灯具（IP—20），但应与固体可燃材料之间保持一定的安全距离。移动式灯具在 H—1、H—2 级场所应采用防水防尘型（IP—55），H—33 级场所可采用保护型（IP—4X）。

（五）有爆炸危险的场所

空间具有爆炸性气体、蒸汽（Q—1、Q—2、Q—3 级）、粉尘、纤维（Q—1、Q—2

级），且介质达到适当浓度，形成爆炸性混合物，在有燃烧源或热点温升达到闪点的情况下能引起爆炸的场所称为爆炸危险的场所。Q—1 级如非桶装贮漆间等；Q—2 级如汽油洗涤间、线圈浸漆间、液化气与天然气配气站、蓄电池室等；Q—3 级如喷漆室、干燥间、氨压缩机间。

对此，一般采用具有防爆间隙的隔爆型灯或密闭的安全灯，并要限制灯具外壳表面温度（Q—1、G—1 级用隔爆灯；Q—2 级用安全型灯；Q—3、G—2 级用防水防尘灯）。

六、无窗厂房照明

在无窗厂房内进行生产或其他活动，都必须依靠人工照明，因而对照明有更高的要求。在进行无窗厂房照明设计时，对光源、照度、照明形式的选择以及灯具发热量的处理等，可参照下列原则。

（一）光源

在选择光源时，要考虑它的光谱能量分布接近于天然日光，这样一方面显色性好，另一方面能有少量中、长波紫外辐射满足人体内维生素 D 的合成及机体钙、磷代谢过程的需要。高度在 5m 及以下的厂房可采用日光色荧光灯（如 TZ 系列太阳光管）；在 6m 及以上的厂房内宜采用接近日光色的高强气体放电灯（如日光色镝灯）。

（二）照度

一般生产场所的照度不宜低于 200～300lx，在经常没有工作人员停留的场所，其照度可适当降低，但不低于 30～75lx。非直接生产的厂房及走廊不小于 30lx，在出入口，照度宜适当提高，以改善视觉的明暗适应。

（三）灯具选择

在有恒温要求或工作精密的无窗厂房中，宜采用单独的一般照明。需采用混合照明时，要注意局部照明的发热量所造成的区域温差对工作精度的不利影响。

在选用灯具类型时，应考虑下列问题：

（1）防尘要求严、恒温要求较高的场所，照明形式宜采用顶棚嵌入式的带状照明。带状照明的优点是：

1）发光体不再是分散的点光源或线光源，而是扩散为发光带，因此它们能在保持发光表面亮度比较低的条件下使室内得到必要的照度。

2）光线的扩散度好，使整个受照空间的照度十分均匀，光线柔和，阴影微弱。

3）消除了直射眩光，并有利于减弱反射眩光。

4）不易积尘。

但在选用发光带时，应注意防火措施。

（2）对防尘要求不严，恒温要求一般的场所，宜采用上半球有光通分布上的吸顶式荧光灯，以免造成顶棚暗区。

（四）灯具热量的处理

灯具的热量被排除后，显然有利于荧光灯和镇流器的运行，使灯管光效提高，镇流器故障减少，寿命延长。灯具的发热量主要由光源产生，输入 1W 的电能每小时将产生 0.86kW 的热量，通过对流、传导和辐射方式散发出来。这些散发的能量大部分消散在室内。嵌装式灯具散发出来的热量的分配与灯具的结构、所用材料以及室内与顶棚间的温差

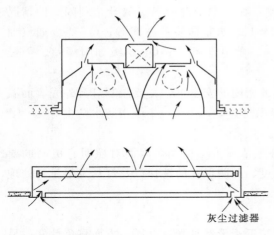

图 2-34　两种空调灯具

有关。

利用空调灯具，使空气按一定流向强制通过光源及其发热部件，带走它们产生的热量或引入空调系统后加以利用。目前常用的蝙蝠翼配光灯具和密闭式棱镜灯具的气路图 2-34。前者借空气洗刷反射器和光源表面的灰尘，减少灰尘积聚，并带走 $65\%\sim75\%$ 的热量；后者可收集 $80\%\sim85\%$ 的热量，但气路不易控制。

（五）紫外线补偿

长期在无窗厂房内工作，由于缺乏紫外线照射，工作人员容易发生某些疾病。为增强抵抗力，保证健康，必要时可装设辐射波长为 $280\sim320$ nm 紫外线的保健灯，以补偿紫外线。

可以将灯装在某一固定房间内，工人定期按疗程进行短时间照射（照射前被照人员必须淋浴并擦干，戴好护目眼镜）；也可把紫外线灯和普通照明灯一样分散地设置在各房间内，进行长期照射。

思　考　题

2-1　什么叫热辐射光源和气体放电光源？在发光原理上各有什么区别？试以白炽灯和荧光灯为例，分别比较这两类光源的性能特点。

2-2　荧光灯电路中的启辉器和镇流器各起什么作用？并联电容器又起什么作用？

2-3　在开关频繁、需要及时点亮或需调光的场所，宜选用什么灯？在其他的一般工作场所，从节电的角度，宜选用什么灯？

2-4　采用混光照明，有什么优越性？采用高压汞灯与高压钠灯的混光照明，有什么好的效果？

2-5　按灯具的结构特点来分，灯具可分哪几类？在一般正常环境的室内，宜选用哪类灯具？在潮湿多尘的场所，又宜选用哪类灯具？在有爆炸危险的场所，又宜选用哪类灯具？

2-6　什么叫照明的利用系数？它与哪些因素有关？什么叫减光系数？它又与哪些因素有关？

2-7　什么叫照明光源的比功率？它与哪些因素有关？

2-8　照明光照设计的任务是什么？其方法步骤如何？

2-9　灯具最大允许距高比是根据什么确定的？

2-10　车间照明效果好坏的主要评价指标是什么？

2-11　哪些场所的照明应避免频闪效应的产生？采取哪些措施来达到？

2-12　特殊场所的照明装置与一般场所照明的区别？

2-13 无窗厂房的照明设计有些什么特殊问题需要考虑？

习　　题

2-1　某大件装配车间的面积为 10 m×30 m，顶棚离地高度为 5m，工作面离地 0.8m，拟采用 GC_1-A-1 型配照灯（装 220V、150W 白炽灯）作为车间照明，灯从顶棚吊下 0.5m，房间反射系数为：$\rho_0=50\%$，$\rho_\omega=30\%$，减光系数取 0.7。试用利用系数法确定灯数，并进行合理布置。

2-2　试用比功率法重作习题 2-1（只求灯数）。

第三章　动力与照明负荷计算

第一节　电力负荷和负荷曲线的有关概念

一、电力负荷的有关概念

电力负荷，既可指用电设备或用电单位（用户），也可指用电设备或单位所消耗的电功率或电流，视具体情况而定。

（一）工厂用电设备按工作制的分类

工厂的用电设备，按其工作制分，有长期连续工作制、短时工作制和断续周期工作制等三类。

1. 长期连续工作制

这类设备长期连续运行，负荷比较稳定，如通风机、水泵、空气压缩机、电动发电机、电炉和照明灯等。机床电动机的负荷，虽负荷变动较大，但大多也是长期连续工作的。

2. 短时工作制

这类设备的工作时间较短，而停歇时间相当长，如机床上的某些辅助电动机（进给电动机、升降电动机等）及水闸电动机等。

3. 断续周期工作制

这类设备周期性地时而工作，时而停歇，如此反复运行，而工作周期一般不超过10min，如电焊机和吊车电动机。

（二）用电设备的额定容量、负荷持续率和负荷系数

1. 用电设备的额定容量

用电设备的额定容量，是指用电设备在额定电压下，在规定的使用寿命期间能连续输出或耗用的最大功率。对于电动机，额定容量是指其轴上正常输出的最大功率，而其耗用的功率（从电网吸收的功率）应为额定容量除以其效率。对于电灯和电炉等，额定容量则是指其额定电压下耗用的功率，而不是指其输出的功率。

对于电机、电炉、电灯等设备，额定容量均用有功功率 P_N 表示，单位为瓦（W）或千瓦（kW）。

对于变压器和电焊机（即电焊变压器）等设备，额定容量则一般用视在功率 S_N 表示，单位为伏安（V·A）或千伏安（kV·A）。

对于电容器（C）类设备，其容量则用无功功率 Q_C 表示，单位为乏（var）或千乏（kvar）。

必须注意：对断继周期工作制的设备来说，其额定容量是对应于一定的负荷持续率的。

2. 负荷持续率

负荷持续率 ε，又称暂载率或相对工作时间，用一个周期内工作时间与工作周期的百分比来表示，即

$$\varepsilon = \frac{t}{T} \times 100\% = \frac{t}{t+t_0} \times 100\% \tag{3-1}$$

式中　T——工作周期；

　　　t——工作周期内的工作时间；

　　　t_0——工作周期内的停歇时间。

同一设备，在不同的负荷持续率工作时，其输出功率是不同的。例如某设备在 ε_1 时的设备容量为 P_1，那么该设备在 ε_2 时的设备容量 P_2 为多少呢？这就需要进行"等效"换算，即按同一周期内相同发热条件来进行换算。由于用电设备的使用寿命主要决定于绝缘的老化程度，则这又直接决定了发热情况，所以"等效"换算实际上就是等效发热换算。

我们知道，电流 I 通过设备（电阻为 R）在 t 时间内产生的热量 I^2Rt，因此在 R 不变而产生的热量又相等的条件下，$I \propto 1/\sqrt{t}$。又电压相同时，设备容量 $P \propto I$，因此 $P \propto 1/\sqrt{t}$。而由式（3-1）可知，同一周期的负荷持续率 $\varepsilon \propto t$。由此可得 $P \propto 1/\sqrt{\varepsilon}$，即设备容量与负荷持续率的平方根值成反比关系。因此

$$P_2 = P_1 \sqrt{\frac{\varepsilon_1}{\varepsilon_2}} \tag{3-2}$$

例 3-1　某吊车电动机在 $\varepsilon_1 = 50\%$ 时的容量 $P_1 = 20\text{kW}$。试求 $\varepsilon_2 = 25\%$ 时的容量 P_2 为多少。

解　由式（3-2）得

$$P_2 = 20\text{kW} \sqrt{\frac{0.5}{0.25}} = 2 \times 20\text{kW} \sqrt{0.5} = 28.3\text{kW}$$

3. 用电设备的负荷系数

用电设备的负荷系数（亦称负荷率），为设备在最大负荷时输出或耗用的功率 P 与设备额定容量 P_N 的比值，用 K_L 表示（亦可表示为 β），其定义式为

$$K_L = P/P_N \tag{3-3}$$

负荷系数的大小表征了设备容量利用的程度。

二、负荷曲线的有关概念

（一）负荷曲线的绘制及类型

负荷曲线是表征电力负荷随时间变动情况的图形。它绘在直角坐标上，纵坐标表示负荷（有功功率或无功功率），横坐标表示对应于负荷变动的时间（一般以 h 为单位）。

负荷曲线按负荷对象分，有工厂的、车间的或某类设备的负荷曲线。按负荷的功率性质分，有有功和无功负荷曲线。按所表示负荷变动的时间分，有年的、有月的、日的或工作班的负荷曲线。按绘制的方式分，有依点连成的负荷曲线［图 3-1（a）］和梯形负荷曲线［图 3-1（b）］。

年负荷曲线，通常是根据典型的冬日和夏日负荷曲线来绘制。这种曲线的负荷从大到小依次排列，反映了全年负荷变动与负荷持续时间的关系，因此称为负荷持续时间曲线，一般简称年负荷曲线，如图 3-2（a）所示。另一种年负荷曲线，是按全年每日的最大半小时平均负荷来绘制的，称为年每日最大负荷曲线，如图 3-2（b）所示。这后一种负荷曲线，专用来确定经济运行方式用的，即什么时候宜多投入变压器台数而另一些时候又宜少

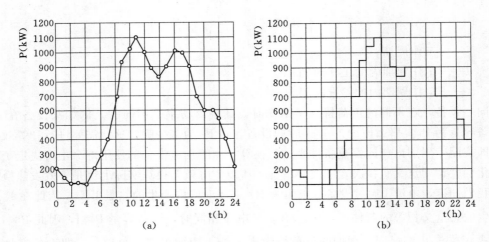

图 3-1 日有功负荷曲线

（a）依点连成的负荷曲线；（b）梯形负荷曲线

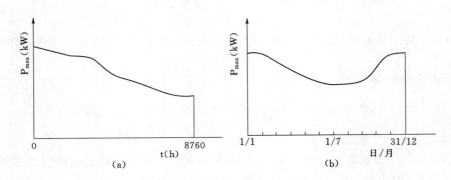

图 3-2 年负荷曲线

（a）年负荷持续时间曲线；（b）年每日最大负荷曲线

投入变压器台数，使供电系统的能耗最小，可取得最大的经济效益。

（二）与负荷曲线有关的物理量

1. 年最大负荷和年最大负荷利用小时

年最大负荷 P_{max} 就是全年中有代表性的最大负荷班的最大半小时平均负荷 P_{30}。

年最大负荷利用小时 T_{max} 是这样一个假想时间，在此时间内，电力负荷按年最大负荷 P_{max} 持续运行所耗用的电能，恰等于该电力负荷全年实际耗用的电能，如图 3-3 所示。因此年最大负荷利用小时为

$$T_{max} = W_a / P_{max} \tag{3-4}$$

式中　W_a——全年实际耗用的电能。

年最大负荷利用小时是反映电力负荷特征的一个重要参数，它与工厂的生产班制有较大的关系。例如一班制工作，$T_{max} \approx 1800 \sim 2500h$；两班制工厂，$T_{max} \approx 3500 \sim 4500h$；三班制工厂，$T_{max} \approx 5000 \sim 7000h$。表 3-5 列出部分工厂的年最大有功负荷利用小时参考值，供参考。

2. 平均负荷和负荷曲线填充系数

平均负荷 P_{av}，就是电力负荷在一定时间 t 内平均耗用的功率，即

$$P_{av} = W_t / t \qquad (3-5)$$

式中　W_t——t 时间内耗用的电能。

年平均负荷 P_{av} 就是电力负荷全年平均耗用的功率，如图 3-4 所示。全年小时数 t＝8760h。

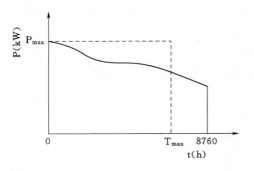

图 3-3　年最大负荷和年最大负荷利用小时　　　　图 3-4　年平均负荷

负荷曲线填充系数就是将起伏波动的负荷曲线"削峰填谷"求出平均负荷 P_{av}，此平均负荷与最大负荷的比值，亦称为负荷率或负荷系数，通常用 β 表示（亦可表示为 K_L），其式为

$$\beta = P_{av} / P_{max} \qquad (3-6)$$

负荷曲线填充系数（负荷率）表征了负荷曲线不平坦的程度，亦即负荷变动的程度。从发挥整个电力系统的效能来说，应尽量设法提高 β 值，因此，工厂供电系统在运行中必须实行负荷调整。

第二节　动力设备的负荷计算

一、计算负荷

计算负荷，是通过统计计算求出的、用来按发热条件选择供电系统中各元件的负荷值。按计算负荷选择的电气设备和导线电缆，如以计算负荷持续运行，其发热温度不会超出允许值，因而也就不会影响其使用寿命。

由于导体通过电流达到稳定温升的时间大约为 $3\sim4\tau$（τ 为发热时间常数），而截面在 $16mm^2$ 以上的导体的 τ 都在 10min 以上，也就是载流导体大约经 30min 后可达到稳定的温升值，因此通常取半小时平均最大负荷 P_{30}（亦即年最大负荷 P_{max}）作为计算负荷。

计算负荷是供电系统设计选择的基本依据。如计算负荷确定过大，将使设备和导线选得过大，造成投资和有色金属的浪费。如计算负荷过小，将使设备和导线选得过小，造成设备和导线运行时过热，增加电能损耗和电压损耗，甚至使设备和导线烧毁，造成事故。因此，正确确定计算负荷具有很大的意义。但是由于负荷情况复杂，影响计算负荷的因素很多，虽然各类负荷的变化有一定规律可循，但很难准确地确定计算负荷的大小。实际

上，负荷也不可能是一成不变的，它与设备的性能、生产组织及能源供应的状况等多种因素都有关系，因此负荷计算也只能力求接近实际。

我国目前比较普遍采用的确定计算负荷的方法，主要是简便实用的需要系数法和二项式系数法。下面介绍这两种方法。

二、按需要系数法确定计算负荷

（一）需要系数法的基本公式及其应用

需要系数 K_d，是动力设备组（或用电单位）在最大负荷时需要的有功功率 P_{30} 与其总的设备容量（备用设备的容量不计入）P_e 的比值，即

$$K_d = P_{30}/P_e \tag{3-7}$$

因此，按需要系数法确定三相动力设备组有功计算负荷的基本公式为

$$P_{30} = K_d P_e \tag{3-8}$$

确定其无功计算负荷的基本公式为

$$Q_{30} = P_{30} \text{tg} \varphi \tag{3-9}$$

确定其视在计算负荷的基本公式为

$$S_{30} = P_{30}/\cos\varphi \tag{3-10}$$

确定其计算电流的基本公式为

$$I_{30} = S_{30}/(\sqrt{3} U_N) = P_{30}/(\sqrt{3} U_N \cos\varphi) \tag{3-11}$$

以上式中 K_d、$\cos\varphi$、$\text{tg}\varphi$ 均可查表 3-4 中有关动力设备组的相应值。式中 U_N 为动力设备的额定电压。

负荷计算常用的单位为：有功功率为 kW，无功功率为 kvar，视在功率为 kV·A，电流为 A，电压为 kV。

必须指出：需要系数是考虑到同组的设备不一定都同时工作，同时工作的设备也不一定都满负荷，所以需要系数一般小于1，而且是按车间范围内的设备情况来确定的，所以表 3-4 所列需要系数值有的相当低，例如冷加工机床组的需要系数平均只 0.2 左右。因此，需要系数法一般较适合于确定车间及其以上的计算负荷。如果采用需要系数法来确定干线或分支线上的计算负荷，则表 3-4 所列 K_d 值往往较实际偏小，宜适当取大。如果有 1～2 台设备时，可取 $K_d = 1$，即 $P_{30} = P_e$。而对于电动机，由于它本身损耗较大，因此当只有1台电动机时，其 $P_{30} = P_N/\eta$，式中 P_N 为电动机的额定容量，η 为电动机的效率。在 K_d 适当取大的同时，$\cos\varphi$ 也宜适当取大。

这里还要指出：需要系数值与用电设备的类别和工作状态关系极大，因此计算时首先要正确判明用电设备的类别和工作状态，否则将造成错误。例如机修车间的金属切削机床电动机，应该属小批生产的冷加工机床电动机，因为金属切削就是冷加工，而机修不可能是大批生产。又如压塑机、拉丝机和锻锤等，应该是属热加工机床。再如起重机、行车、电葫芦、卷扬机，实际上都属于吊车类。

例 3-2 已知某机修车间的金属切削机床组，拥有电压为 380 V 的三相电动机 15 kW1台，11 kW5台，7.5 kW6台，4 kW15台，其他更小容量电动机容量 35 kW。试用需要系数法确定其计算负荷 P_{30}、Q_{30}、S_{30} 和 I_{30}。

解 此机床组电动机的总容量为

$$P_e = 15kW \times 1 + 11kW \times 5 + 7.5kW \times 6 + 4kW \times 15 + 35kW = 210\ kW$$

查表 3-4 "小批生产的金属冷加工机床电动机" 项，得 $K_d = 0.16 \sim 0.2$（取 0.2），$cos\varphi = 0.5$，$tg\varphi = 1.73$。因此按式（3-8）～（3-11）计算可得

有功计算负荷　　$P_{30} = 0.2 \times 210kW = 42kW$

无功计算负荷　　$Q_{30} = 42kW \times 17.3 = 72.7kvar$

视在计算负荷　　$S_{30} = 42kW \times 0.5 = 84kV \cdot A$

计算电流　　　　$I_{30} = 84kV \cdot A / (\sqrt{3} \times 0.38kV) = 127.6A$

例 3-3　某 380 V 线路供电给 1 台 132kW Y 型三相电动机，其效率 $\eta = 91\%$，功率因数 $cos\varphi = 0.9$。试确定此线路的计算负荷。

解　因只有 1 台，故取 $K_d = 1$。由此可得

有功计算负荷　　$P_{30} = 132kW / 0.91 = 145kW$

无功计算负荷　　$Q_{30} = 145kW \times tg\ (cos^{-1}0.9) = 70.2\ kvar$

视在计算负荷　　$S_{30} = 145kW / 0.9 = 161kV \cdot A$

计算电流　　　　$I_{30} = 161kV \cdot A / (\sqrt{3} \times 0.38kV) = 245\ A$

或　　　　　　　$I_{30} = 132kW / (\sqrt{3} \times 0.38kV \times 0.9 \times 0.91) = 245\ A$

（二）设备容量的计算

式（3-8）中的设备容量 P_e，不包括已安装的和库存的备用设备的容量在内，而且要注意，P_e 的计算与设备组的工作制有关。

1. 一般长期连续工作制和短时工作制的三相动力设备组的设备容量

这两类三相动力设备组的设备容量 P_e 就取所有设备额定容量之和。

2. 断续周期工作制的三相动力设备组的设备容量

断续周期工作制的动力设备，主要有吊车电动机。

我国吊车电动机的铭牌负荷持续率 ε_n 有 15%、25%、40% 和 50% 等四种。为了计算简便，一般要求设备容量统一换算到 $\varepsilon_{25} = 25\%$。设铭牌的容量为 P_N，其负荷持续率为 ε_n，因此由式（3-2）可得对应于 $\varepsilon_{25} = 25$ 的设备容量。

$$P_e = P_N \sqrt{\frac{\varepsilon_n}{\varepsilon_{25}}} = 2P_N \sqrt{\varepsilon_n} \tag{3-12}$$

式（3-12）中的 ε_n 均应换算为小数。

3. 单相动力设备的等效三相设备容量的换算

（1）接于相电压的单相设备容量换算。按最大负荷相所接的单相设备容量 $P_{em\varphi}$ 乘以 3 来计算其等效三相设备容量

$$P_e = 3P_{em\varphi} \tag{3-13}$$

（2）接于线电压的单相设备容量换算。由于容量 P_e 的单相设备接在线电压上产生的电流 $I = P_{e\varphi} / (Ucos\varphi)$，这一电流应与其等效三相设备容量 P_e 的产生的电流 $I' = P_e / (\sqrt{3} Ucos\varphi)$ 相等，因此其等效三相设备容量

$$P_e = \sqrt{3} P_{e\varphi} \tag{3-14}$$

（三）多组动力设备计算负荷的确定

在确定拥有多组动力设备的干线上或车间变电所低压母线上的计算负荷时，应考虑各组动力设备的最大负荷不同时出现的因素。因此在确定低压干线上或低压母线上的计算负荷时，可结合具体情况对其有功和无功计算负荷计入一个同时系数（又称参差系数或综合系数）K_Σ。

对于车间干线，可取 $K_\Sigma = 0.85 \sim 0.95$。

对于低压母线，由动力设备计算负荷直接相加来计算时，可取 $K_\Sigma = 0.8 \sim 0.9$；由车间干线计算负荷直接相加来计算时，可取 $K_\Sigma = 0.9 \sim 0.95$。

总的有功计算负荷为

$$P_{30} = K_\Sigma \sum P_{30.i} \tag{3-15}$$

总的无功计算负荷为

$$Q_{30} = K_\Sigma \sum Q_{30.i} \tag{3-16}$$

总的视在计算负荷为

$$S_{30} = \sqrt{P_{30}^2 + Q_{30}^2} \tag{3-17}$$

总的计算电流为

$$I_{30} = S_{30} / (\sqrt{3} \, U_N) \tag{3-18}$$

式（3-15）和式（3-16）中的 $\sum P_{30.i}$ 和 $\sum Q_{30.i}$ 分别表示所有各组设备的有功和无功计算负荷之和。

由于各组设备的 $\cos\varphi$ 不一定相同，因此总的视在计算负荷和计算电流一般不能用各组的视在计算负荷或计算电流之和再乘以 K_Σ 来计算。

必须注意：在计算多组设备总的计算负荷时，为了简化和统一，各组设备的台数不论多少，各组的计算负荷均按表 3-4 所列 K_d 和 $\cos\varphi$ 的值来计算。

例 3-4 某机加车间 380 V 线路上，接有流水作业的金属切削机床组电动机 30 台共 95 kW（其中较大容量电动机 11 kW 1 台，7.5 kW 3 台，4 kW 6 台，其他为更小容量电动机）。另有通风机 3 台，共 5 kW；电葫芦 1 个，3 kW（$\varepsilon = 40\%$）。试确定各组和总的计算负荷。

解 先求各组的计算负荷

（1）机床组。查表 3-4 取 $K_d = 0.25$（表上 $K_d = 0.18 \sim 0.25$），$\cos\varphi = 0.5$，$\mathrm{tg}\varphi = 1.73$。因此

$$P_{30(1)} = 0.25 \times 95 \text{ kW} = 23.75 \text{ kW}$$

$$Q_{30(1)} = 23.75 \text{ kW} \times 1.73 = 41.1 \text{ kvar}$$

$$S_{30(1)} = 23.75 \text{ kW}/0.5 = 47.5 \text{ kV} \cdot \text{A}$$

$$I_{30(1)} = 47.5 \text{ kV} \cdot \text{A}/(\sqrt{3} \times 0.38 \text{ kV}) = 72.25 \text{ A}$$

（2）通风机组。查表 3-4，取 $K_d = 0.8$（表上 $K_d = 0.7 \sim 0.8$），$\cos\varphi = 0.8$，$\mathrm{tg}\varphi = 0.75$。因此

$$P_{30(2)} = 0.8 \times 5 \text{ kW} = 4 \text{ kW}$$

$$Q_{30(2)} = 4 \text{ kW} \times 0.75 = 3 \text{ kvar}$$

$$S_{30(2)} = 4 \text{ kW}/0.8 = 5 \text{ kV} \cdot \text{A}$$

$$I_{30(2)} = 5 \text{ kV} \cdot \text{A}/(\sqrt{3} \times 0.38 \text{ kV}) = 7.6 \text{ A}$$

（3）电葫芦。查表 3-4 的机加车间吊车项，取 $K_d = 0.15$（$\varepsilon = 25\%$），$\cos\varphi = 0.5$，$\mathrm{tg}\varphi = 1.73$。而 $P_{e(\varepsilon=25\%)} = 2 \times 3\text{kW} \times \sqrt{0.4} = 3.79$ kW。因此

$$P_{30(3)} = 0.15 \times 3.79 \text{ kW} = 0.569 \text{kW}$$

$$Q_{30(3)} = 0.569 \text{ kW} \times 1.73 = 0.984 \text{ kvar}$$

$$S_{30(3)} = 0.569 \text{ kW}/0.5 = 1.138 \text{ kV} \cdot \text{A}$$

$$I_{30(3)} = 1.138 \text{ kV} \cdot \text{A}/(\sqrt{3} \times 0.38 \text{ kV}) = 1.73 \text{A}$$

因此总计算负荷（取 $K_\Sigma = 0.95$）为

$$P_{30} = 0.95 \times (23.75 + 4 + 0.569) \text{ kW} = 0.95 \times 28.3 \text{ kW} = 26.9 \text{ kW}$$

$$Q_{30} = 0.95 \times (41.1 + 3 + 0.984) \text{ kvar} = 0.59 \times 4.5 \text{kvar} = 42.8 \text{ kvar}$$

$$S_{30} = \sqrt{26.9^2 + 42.8^2} \text{ kV} \cdot \text{A} = 50.6 \text{ kV} \cdot \text{A}$$

$$I_{30} = 50.6 \text{ kV} \cdot \text{A}/(\sqrt{3} \times 0.38 \text{ kV}) = 76.97 \text{ A}$$

在实际工程设计中，为了使人一目了然，便于审核，常采用计算表格的形式，如表3-1 所示。

表 3-1　　　　　　　　　　例 3-4 的动力负荷计算表（按需要系数法）

序号	动力设备名称	台数	设备容量 P_e (kW)	K_d	$\cos\varphi$	$\mathrm{tg}\varphi$	计算负荷			
							P_{30} (kW)	Q_{30} (kvar)	S_{30} (kV·A)	I_{30} (A)
1	机床组	30	95	0.25	0.5	1.73	23.75	41.1	47.5	72.25
2	通风组	3	5	0.8	0.8	0.75	4	3	5	7.6
3	电葫芦	1	3 ($\varepsilon=40\%$) 3.79 ($\varepsilon=25\%$)	0.15 ($\varepsilon=25\%$)	0.5	1.73	0.569	0.984	1.138	1.73
总　计		—	—	—	—	—	28.32	53.64		
			取 $K_\Sigma=0.95$	0.53	—	26.9	42.8	50.6	76.97

注　总的 $\cos\varphi = P_{30}/S_{30} = 26.9/50.6 = 0.62$。

三、按二项式系数法确定计算负荷

（一）二项式系数法的基本公式及其应用

二项式系数的基本公式及其应用

$$P_{30} = bP_e + cP_x \tag{3-19}$$

式中　bP_e——动力设备组的平均负荷，其中 P_e 为动力设备组的设备总容量，其计算方法如前所述；

　　　cP_x——动力设备组中 x 台容量最大的设备投入运行时增加的附加负荷，其中 P_x 是 x 台最大容量设备的设备容量；

　　　b、c——二项式系数。

其余的计算负荷 Q_{30}、S_{30} 和 I_{30} 的计算公式与前述需要系数法相同。二项式系数 b、c 和最大容量设备台数 x 及 $\cos\varphi$、$\mathrm{tg}\varphi$ 等也可查表 3-4。

但是必须注意，按二项式系数法确定计算负荷时，如果设备总台数 $n < 2x$ 时，则 x 宜相应取小一些，建议为 $x = n/2$，且按四舍五入的修约规则取为整数。例如某机床电动机组的电动机只有 7 台，而表 3-4 规定 $x=5$，但这里 $n=7 < 2x = 10$，因此可取 $x = 7/2 \approx 4$

来计算。

如果动力设备组只有1～2台设备时，就可认为 $P_{30}=P_e$，即 b＝1，c＝0。对于单台电动机，则 $P_{30}=P_N/\eta$。在设备台数较少时，$\cos\varphi$ 也宜相应地适当取大。

由于二项式系数不仅考虑了动力设备组的平均最大负荷，而且考虑了少数（x 台）大容量设备投入运行时对总计算负荷的额外影响，所以二项式系数法较之需要系数更适于确定设备台数较少而容量差别较大的低压干线和分支线的计算负荷。

例 3-5 试用二项式系数法来确定例 3-2 所述机修车间的金属切削机床组的计算负荷。

解 由表 3-4 查得 b＝0.14，c＝0.4，x＝5，$\cos\varphi=0.5$，$\text{tg}\varphi=1.73$。而设备容量为

$$P_e=210\ kW（见例 3-2 计算）$$

x 台最大容量设备的设备容量为

$$P_x=P_5=15\ kW\times1+11kW\times4=59\ kW$$

因此按式（3-19）可得其有功计算负荷为

$$P_{30}=0.14\times210\ kW+0.4\times59\ kW=53\ kW$$

按式（3-9）可求得其无功计算负荷为

$$Q_{30}=53kW\times1.73=91.7\ kvar$$

按式（3-10）可求得视在计算负荷为

$$S_{30}=53kW/0.5=106\ kV\cdot A$$

按式（3-11）可求得其计算电流为

$$I_{30}=106kV\cdot A/(\sqrt{3}\times0.38kV)=161.2\ A$$

将例 3-2 和例 3-5 的计算结果同时列入表 3-2 中进行比较可知，按二项式法计算的结果比按需要系数法计算的结果大。供电设计的经验说明，选择低压干线和分支线时，按需要系数法确定的计算负荷往往偏小，以采用二项式法为宜。

表 3-2　　　　　　　　　　　例 3-2 和例 3-5 的负荷计算结果比较

计算方法	设备容量（kW）	计算系数	$\cos\varphi$	$\text{tg}\varphi$	计 算 负 荷			
					P_{30}（kW）	Q_{30}（kvar）	S_{30}（kV·A）	I_{30}（A）
	P_e 或 P_e/P_x	K_d 或 b/c						
需 要 系 数 法	210	0.2	0.5	1.73	42	72.7	84	127.6
二次式系数法	210/59	0.14/0.4	0.5	1.73	53	91.7	106	161.2

（二）多组动力设备计算负荷的确定

按二项式系数法确定多组动力设备总的计算负荷时，同样应考虑各组设备的最大负荷不同时出现的因素。因此在确定其总的计算负荷时，只能考虑一组有功附加负荷为最大的作总计算负荷的附加负荷，再加上所有各组的平均负荷。所以总的有功和无功计算负荷分别为

$$P_{30}=\sum(bP_e)_i+(cP_x)_{max} \tag{3-20}$$

$$Q_{30}=\sum(bP_e\text{tg}\varphi)_i+(cP_x)_{max}\text{tg}\varphi_{max} \tag{3-21}$$

式中　$\sum(bP_e)_i$——各组有功平均负荷之和；

$\sum (bP_e tg\varphi)_i$——各组无功平均负荷之和；

$(cP_x)_{max}$——各组中最大的有一个有功附加负荷；

$tg\varphi_{max}$——$(cP_x)_{max}$的那一组设备的正切值。

总的视在计算负荷 S_{30} 和总的计算电流 I_{30}，仍分别按式（3-17）或式（3-18）计算。

为简化和统一，按二项式系数法来计算多组设备总的计算负荷时，也不论各组设备台数多少，各组的计算系数 b、c、x 和 $cos\varphi$ 等均按表 3-4 所列数值。

例 3-6 试用二项式系数确定例 3-4 所述机加车间 380V 线路上各组动力设备总和的计算负荷。

解 先求各组的 bP_e、cP_x 及其计算负荷。

（1）机床组。查表 3-4 得：b=0.14，c=0.5，$cos\varphi$=0.5，$tg\varphi$=1.73。因此

$$bP_{e(1)} = 0.14 \times 95 \ kW = 13.3 \ kW$$

$$cP_{x(1)} = 0.5 \times (11 \ kW \times 1 + 7.5 \ kW \times 3 + 4 \ kW \times 1) = 18.8 \ kW$$

故

$$P_{30(1)} = 13.3 \ kW + 18.8 \ kW = 32.1 \ kW$$

$$Q_{30(1)} = 32.1 \ kW \times 1.73 = 55.5 \ kvar$$

$$S_{30(1)} = 32.1 \ kW / 0.5 = 64.2 \ kV \cdot A$$

$$I_{30(1)} = 64.2 \ kV \cdot A / (\sqrt{3} \times 0.38 \ kV) = 97.66 \ A$$

（2）通风机组。查表 3-4 得：b=0.65，c=0.25，x=5，$cos\varphi$=0.8，$tg\varphi$=0.75。因此

$$bP_{e(2)} = 0.65 \times 5 \ kW = 3.25 \ kW$$

$$cP_{x(2)} = 0.25 \times 5 \ kW = 1.25 \ kW$$

故

$$P_{30(2)} = 3.25 \ kW + 1.25 \ kW = 4.5 \ kW$$

$$Q_{30(2)} = 4.5 \ kW \times 0.75 = 3.38 \ kvar$$

$$S_{30(2)} = 4.5 \ kW / 0.8 = 5.63 \ kV \cdot A$$

$$I_{30(2)} = 5.63 \ kV \cdot A / (\sqrt{3} \times 0.38 \ kV) = 8.56 A$$

（3）电葫芦。查表 3-4 得：b=0.06，c=0.2，x=3，$cos\varphi$=0.5，$tg\varphi$=1.73，因此

$$bP_{e(3)} = 0.06 \times 3.79 \ kW = 0.227 \ kW$$

$$cP_{x(3)} = 0.2 \times 3.79 \ kW = 0.758 \ kW$$

故

$$P_{30(3)} = 0.227 \ kW + 0.758 \ kW = 0.985 \ kW$$

$$Q_{30(3)} = 0.985 \ kW \times 1.73 = 1.70 \ kvar$$

$$S_{30(3)} = 0.985 \ kW / 0.5 = 1.97 \ kV \cdot A$$

$$I_{30(3)} = 1.97 kV \cdot A / (\sqrt{3} \times 0.38 \ kV) = 3 \ A$$

比较上述各组的 bP_e 可知，机床组的 $cP_{x(1)}$=18.8 kW 为最大，因此总计算负荷为

$$P_{30} = (13.3 + 3.25 + 0.227) \ kW + 18.8 \ kW = 35.6 \ kW$$

$$Q_{30} = (13.3 \times 1.73 + 3.25 \times 0.75 + 0.227 \times 1.73) \ kvar + 18.8 \times 1.73 \ kvar$$
$$= 58.36 \ kvar$$

$$S_{30} = \sqrt{35.6^2 + 58.36^2} \ kV \cdot A = 68.36 \ kV \cdot A$$

$$I_{30} = 68.36 \text{ kV} \cdot \text{A}/(\sqrt{3} \times 0.38 \text{ kV}) = 103.99 \text{ A}$$

按一般供电设计要求，以上计算可直接列成表格形式，如表 3-3 所示。

表 3-3　　　　　　　　　例 3-6 的电力负荷计算表（按二项式系数法）

序号	动力设备名称	设备台数	设备容量		计算系数	cosφ	tgφ	计算负荷			
		n 或 n/x	P_e (kW)	P_x (kW)	b/c			P_{30} (kW)	Q_{30} (kvar)	S_{30} (kV·A)	I_{30} (A)
1	机床组	30/5	95	37.5	0.14/0.5	0.5	1.73	13.3+18.8=32.1	55.5	64.2	97.66
2	通风机	3	5		0.65/0.25	0.8	0.75	3.25+1.25=4.5	3.38	5.63	8.56
3	电葫芦	1	3 (ε=40%) 3.79 (ε=25%)		0.06/0.2 (ε=25%)	0.5	1.73	0.227+0.758=0.985	1.70	1.97	2.93
	总　计					0.52		(13.3+3.25+0.227) +18.8=35.6	58.36	68.36	103.99

注　总的 $\cos\varphi = P_{30}/S_{30} = 35.6/68.36 = 0.52$。

表 3-4　　　　　　　　动力设备组的需要系数、二项式系数及功率因数值

用 电 设 备 组 名 称	需要系数 K_d	二项式系数		最大容量设备台数 x[1]	cosφ	tgφ
		b	c			
小批生产的金属冷加工机床电动机	0.16~0.2	0.14	0.4	5	0.5	1.73
大批生产的金属冷加工机床电动机	0.18~0.25	0.14	0.5	5	0.5	1.73
小批生产的金属热加工机床电动机	0.25~0.3	0.24	0.4	5	0.6	1.33
大批生产的金属热加工机床电动机	0.3~0.35	0.26	0.5	5	0.65	1.17
通风机、水泵、空压机及电动发电机组电动机	0.7~0.8	0.65	0.25	5	0.8	0.75
非连锁的连续运输机械及铸造车间整砂机械	0.5~0.6	0.4	0.2	5	0.75	0.88
连锁的连续运输机械及铸造车间整砂机械	0.65~0.7	0.6	0.2	5	0.75	0.88
锅炉房和机加、机修、装配等类车间的吊车（ε=25%）	0.1~0.15	0.06	0.2	5	0.5	1.73
铸造车间的吊车（ε=25%）	0.15~0.25	0.09	0.3	5	0.5	1.73
自动连续装料的电阻炉设备	0.75~0.8	0.7	0.3	2	0.95	0.33
实验室用的小型电热设备（电阻炉、干燥箱等）	0.7	0.7	0	—	1.0	0
工频感应电炉（未带无功补偿设备）	0.8	—	—	—	0.35	2.67
高频感应电炉（未带无功补偿设备）	0.8	—	—	—	0.6	1.33
电弧熔炉	0.9	—	—	—	0.87	0.57
点焊机、缝焊机	0.35	—	—	—	0.6	1.33
对焊机、铆钉加热机	0.35	—	—	—	0.7	1.02
自动弧焊变压器	0.5	—	—	—	0.4	2.29
单头手动弧焊变压器	0.35	—	—	—	0.35	2.68
多头手动弧焊变压器	0.4	—	—	—	0.35	2.68
单头弧焊电动机电机组	0.35	—	—	—	0.6	1.33
多头弧焊电动发电机组	0.7	—	—	—	0.75	0.88
生产厂房及办公室、阅览室、实验室照明[2]	0.8~1	—	—	—	1.0	0
变配电所、仓库照明[2]	0.5~0.7	—	—	—	1.0	0
宿舍（生活区）照明[2]	0.6~0.8	—	—	—	1.0	0
室外照明、事故照明[2]	1	—	—	—	1.0	0

①　如果用电设备的总台数 n<2x 时，则取 x=n/2，且按"四舍五入"的修约规则取其整数。

②　这里的 cosφ 和 tgφ 值均为白炽灯照明的数值。如为荧光灯照明，则取 cosφ=0.9，tgφ=0.48；如为高压汞灯或钠灯，则取 cosφ=0.5，tgφ=1.73。

表 3-5　　部分工厂的全厂需要系数、功率因数及年最大功负荷利用小时参考值

工厂名称	需要系数	功率因数	年最大有功负荷利用小时数	工厂名称	需要系数	功率因数	年最大有功负荷利用小时数
汽轮机制造厂	0.38	0.88	5000	量具刃具制造厂	0.26	0.60	3800
锅炉制造厂	0.27	0.73	4500	工具制造厂	0.34	0.65	3800
柴油机制造厂	0.32	0.74	4500	电机制造厂	0.33	0.65	3000
重型机械制造厂	0.35	0.79	3700	电器开关制造厂	0.35	0.75	3400
重型机床制造厂	0.32	0.71	3700	电线电缆制造厂	0.35	0.73	3500
机床制造厂	0.20	0.65	3200	仪器仪表制造厂	0.37	0.81	3500
石油机械制造厂	0.45	0.78	3500	滚珠轴承制造厂	0.28	0.70	5800

表 3-6　各种建筑的照明负荷需要系数

建筑类别	K_d	建筑类别	K_d
生产厂房（有天然采光）	0.8～0.9	宿舍区	0.6～0.8
生产厂房（无天然采光）	0.9～1	医院	0.5
办公楼	0.7～0.8	食堂	0.9～0.95
设计室	0.9～0.95	商店	0.9
科研楼	0.8～0.9	学校	0.6～0.7
仓库	0.5～0.7	展览馆	0.7～0.8
锅炉房	0.9	旅馆	0.6～0.7

表 3-7　气体放电光源镇流器的功率损耗系数

光源种类	损耗系数 α
荧光灯	0.2
荧光高压汞灯	0.07～0.3
自镇流荧光高压汞灯	—
金属卤化物灯	0.14～0.22
涂荧光质的金属卤化物灯	0.14
低压钠灯	0.2～0.8
高压钠灯	0.12～0.2

第三节　照明电力负荷计算

在选择导线截面、照明变压器及其他开关容量时，是以照明装置的计算负荷为依据。

一、照明负荷计算

照明线路的计算负荷，根据该线路连接的照明灯具安装容量用需要系数法进行计算。

对于白炽灯、卤钨灯

$$P_{30} = K_d P_e \tag{3-22}$$

对于有镇流器的电光源

$$P_{30} = K_d P_e (1 + \alpha) \tag{3-23}$$

式中　P_{30}——照明计算负荷（kW）；

　　　P_e——线路装灯容量（kW）；

　　　K_d——需要系数，它表示不同性质的建筑对照明负荷需要的程度，一般按表 3-6 选取；

　　　α——镇流器的功率损耗系数，各种气体放电光源的镇流器功率损耗系数参见表3-7。

当照明负荷为不均匀分布时，照明干线的计算负荷为

$$P_{30} = K_d P_{emax} \tag{3-24}$$

式中　P_{emax}——最大一相的装灯容量（kW）。

表 3-8　计算插座容量的同时使用系数

插座数量（个）	4	5	6	7	8	9	10
同时系数（K_T）	1	0.9	0.8	0.7	0.65	0.6	0.6

对于插座组，实际上往往在房间内多设插座，以方便使用，但是这些插座不可能同时使用，在计算插座容量时应引进一个同时使用系统数见表 3-8。每个插座按 100W 进行计算，此时

$$P_{30} = K_d K_T P_e \tag{3-25}$$

式中　P_{30}——插座组计算负荷（W）；

　　　K_T——插座的同时系数；

　　　P_e——插座组的额定功率之和（W）。

二、线路工作电流的计算

照明线路工作电流是影响导线温度的重要因素。

（1）白炽灯和卤钨灯照明线路工作电流按下式计算

$$\left.\begin{array}{l} 单相线路　I_{30} = \dfrac{P_{30}}{U_P} \\[3mm] 三相线路　I_{30} = \dfrac{P_{30}}{\sqrt{3}\,U_L} \end{array}\right\} \tag{3-26}$$

（2）对带有镇流器的气体放电灯照明线路工作电流按下式计算

$$\left.\begin{array}{l} 单相线路　I_{30} = \dfrac{P_{30}}{U_P\cos\varphi} \\[3mm] 三相线路　I_{30} = \dfrac{P_{30}}{\sqrt{3}\,U_L\cos\varphi} \end{array}\right\} \tag{3-27}$$

上述四式中　I_{30}——照明线路计算电流（A）；

　　　　　P_{30}——照明线路计算负荷（W）；

　　　　　U_P——照明线路额定相电压（V）；

　　　　　U_L——照明线路额定线电压（V）；

　　　　　$\cos\varphi$——线路的功率因数。

三、家庭用电负荷

目前，用电负荷水平已经起了变化，随着生产的发展和生活水平的提高，家用电器普及率在逐年上升，过去每户装 2A 电表的规定显然已不适应家用电器普及增多的变化了。

通过对"家庭用电负荷一览表"（表 3-9）进行具体分析，可以看出，现在负荷水平达到 1200 W 左右的用户已经比较普遍（见表 3-10），达到 2800 W 左右的用户尚为数不多，但每户 6000～7000 W 的负荷水平将不会是太遥远的目标。

在负荷计算选择导线截面时，分户线或分支线可按额定电流进行选择。在进户线选择时，应考虑留有适当余地，管线加大一级。用户用分户电表以选择 5～10 A 的为宜。

动力与照明负荷形式不同，各地的照明负荷形式也不尽一样，冬季高于夏季，一般冬季的照明负荷峰值比夏季到得早。例如武汉地区近几年空调的大规模使用，又使夏季高温季节电力负荷峰值呈现较高的值，随着人们观念的改变，冬季空调取暖电力负荷峰值上升的趋势已逐步形成。动力负荷随企业性质和生产情况的不同有所区别，一年四季基本相

同。供电设计，除了前面讲述的动力设备负荷计算外，各种用电电器，办公生活及其他辅助建筑的用电负荷都要进行负荷计算。计算的目的一是按设备温升发热条件选择供电系统中的设备（如变压器、导线、电缆、母线、开关设备等）的依据；二是作为计算电能消耗量或选用补偿装置的依据；三是作为控制保护设备（熔断器、保护、开关）的依据。照明负荷还需考虑家用电器的普及率。

表 3-9 家用电器负荷一览表

名　称	规　格	用 电 量（W）	备　注
国产电视机	9～19in	35～85	
日产电视机	14～20in	58～85	
国产双门电冰箱	容积 75～175L	65～150	容积为标称容积，有的以有效容积计
国产中型单门电冰箱	容积 130～120L（300）L	80～100（175）	
国产小型单门电冰箱	容积 50～120L	65～100	
波轮式洗衣机	洗衣量 1.5～2 kg	$\frac{200\sim250}{90\sim150}$	分子为输入功率 分母为输出功率
电饭锅	煮米量 0.6～3.6L	300～1000	规格有的以煮米"kg"计
电炒锅	锅体口径 300～420mm	700～2000	有的有高、有低档两种功率
电水壶	容积 2～5 L 以下	300～1000	
吸尘器		200～1000	
台式、立式电风扇	200～500mm	30～140	

表 3-10 家 庭 用 电 负 荷 水 平

序号	名　称	额定功率（W）	备　注	序号	名　称	额定功率（W）	备　注
1	电视机	80	一般家庭均可达到（1～6 容量小计 1185W）	7	电饭锅	650	目前较少家庭达到（1～8 容量小计 2735W）
2	洗衣机	240		8	电炒锅	900	
3	电冰箱	125		9	电热淋浴器	2000	预计今后数年内可能达到（1～12 容量小计 6685W）
4	电风扇	60		10	吸尘器	600	
5	电熨斗	500		11	电水壶	700	
6	照　明	180		12	电烤箱	650	

第四节　尖峰电流及其计算

一、概述

尖峰电流是只持续 1～2 s 的短时最大负荷电流。它用来计算电压波动、选择熔断器和低压断路器、整定继电保护装置等。

二、单台用电设备尖峰电流的计算

单台用电设备（如电动机）尖峰电流 I_{pk}，就是其起动电流 I_{st}，即

$$I_{pk} = I_{st} = K_{st} I_N \qquad\qquad (3-28)$$

式中　I_N——用电设备的额定电流；

　　K_{st}——用电设备的起动电流倍数：笼型电动机为 $5\sim7$，绕线型电动机为 $2\sim3$，直流电动机为 1.7，电焊变压器为 3 或稍大。

三、多台用电设备尖峰电流的计算

引至多台用电设备的线路上的尖峰电流按下列公式计算

$$I_{pk} = K_\Sigma \sum_{i=1}^{n-1} I_{Ni} + I_{stmax} \qquad\qquad (3-29)$$

或
$$I_{pk} = I_{30} + (I_{st} - I_N)_{max} \qquad\qquad (3-30)$$

式中　I_{stmax}、$(I_{st}-I_N)_{max}$——用电设备中起动电流与额定电流之差为最大的那台设备的起动电流及其起动电流与额定电流之差；

$$\sum_{i=1}^{n-1} I_{Ni}$$
——将起动电流与额定电流之差为最大的那台设备除外的其它 $n-1$ 台设备的额定电流之和；

　　K_Σ——$n-1$ 台设备的同时系数，按台数多少选取，一般为 $0.7\sim1$；

　　I_{30}——全部设备投入运行时线路的计算电流。

表 3-11　　　例 3-7 的负荷资料

参　　　数	电　　动　　机				
	M1	M2	M3	M4	M5
额定电流 I_N（A）	8	15	10	25	18
起动电流 I_{st}（A）	40	36	58	46	65

例 3-7　某分支线路供电给表 3-11 所示 5 台电动机，该线路的计算电流为 50 A。试计算该线路的尖峰电流。

解　由表 3-11 可知，M3 的 $I_{st} - I_N = 58A - 10A = 48$ A 为最大，因此按式（3-30）可得线路尖峰电流为

$$I_{pk} = 50 \text{ A} + (58 \text{ A} - 10 \text{ A}) = 98 \text{ A}$$

思　考　题

3-1　工厂用电设备按工作制分哪几类？各有何工作特点？

3-2　什么叫用电设备的额定容量？电动机的额定容量是什么含义？它们从电网吸收的功率如何计算？

3-3　什么叫负荷持续率？它表征哪类设备的工作特性？设某设备在 ε_1 时的容量为 P_1，则它在 ε_2 时的容量 P_2 为多少？

3-4　什么叫年最大负荷和年最大负荷利用小时？

3-5　什么叫用电设备的负荷系数（负荷率）？什么叫负荷曲线填充系数（负荷率）？

3-6　什么叫计算负荷？正确确定计算负荷有什么意义？

3-7　确定计算负荷的需要系数法和二项式系数法各有什么特点？各适用哪些场合？

3-8　在确定多组用电设备总的视在计算负荷和计算电流时，可不可以将各组的视在计算负荷和计算电流直接相加？为什么？

3-9　什么叫尖峰电流？尖峰电流与计算电流同为最大负荷电流，在性质上和用途上

各有哪些区别？

习　题

3-1　有一 380 V 线路，供电给机修车间的冷加工机床电动机其功率 180 kW；行车功率为 5.1 kW（ε＝15%）；通风机功率为 22 kW。试用需要系数法确定各设备组和 380 V 线路的计算负荷 P_{30}、Q_{30}、S_{30} 和 I_{30}。

3-2　某 220/380 V 的三相四线制线路，供电给大批生产的冷加工机床电动机，总容量为 125 kW，其中较大容量的电动机有：7.5 kW2 台，5.5 kW2 台，4 kW6 台。试分别用需要系数法和二项式系数法计算其计算负荷 P_{30}、Q_{30}、S_{30} 和 I_{30}。

表 3-12　　　　习题 3-5 的负荷资料

电动机参数	M1	M2	M3	M4
额定电流 I'_N（A）	35	14	56	20
起动电流 I_{st}（A）	148	85	160	135

3-3　某电器开关厂拥有用电设备总容量 1470 kW，试按需要系数法计算其视在计算负荷。

3-4　某线路供电给表 3-12 所示 4 台电动机，试计算其尖峰电流（计算时建议取 $K_\Sigma ＝0.9$）。

第四章 动力与照明装置供电

第一节 供、配电系统

动力与照明装置的供配电系统是由电源（市电、自备发电机等）、导线、控制和保护设备及用电设备组成，如图 4-1 所示。它分为供电系统和配电系统两部分，供电系统包括电源和主接线；配电系统则是由配电装置（配电盘）及配电线路（干线及分支线）组成。

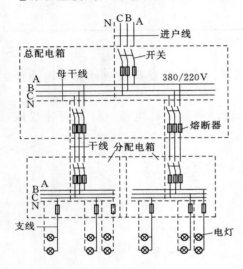

图 4-1 动力与照明装置的
供配电系统示意图

供配电系统在设计时必须保证工作可靠、操作简单、运行灵活、检修方便、符合供电质量要求，并能适应发展的需要。

一、电气负荷的容量、级别与供电电压

（一）负荷容量

负荷容量有以下三种衡量标准：

（1）设备容量。又称装机容量。它是工程中所有用电设备的额定功率的总和。在向供电部门申请用电时，必须提供这个数据。

（2）计算容量。在设备容量的基础上，通过负荷计算得出。

（3）装表容量。又称电度表容量。对于直接由市电供电的系统，须根据计算容量选择计量用的电度表，用户限定在这个装表容量（以电流限定）下使用电能。

（二）负荷级别

按其重要性可将动力与照明负荷分成三级。

1. 一级负荷

中断供电将造成政治上、经济上重大损失，甚至于出现人身伤亡等重大事故的场所，造成重大设备损坏，重大产品报废，生产过程被打乱等。

例如，排毒机房鼓风机、纺丝机，重要车间的工作照明及大型企业的指挥控制中心的照明；国家、省市等各级政府主要办公室照明；特大型火车站、国境站、海港客运站等交通设施的候车（船）室照明；售票处、检票口照明等；大型体育建筑的比赛厅、广场照明；四星级、五星级宾馆的高级客房、宴会厅、餐厅、娱乐厅主要通道照明；省、直辖市重点百货商场营业厅部分照明、收款处照明；省、市级影剧院舞台、观众厅部分照明、化妆室照明等；医院的手术室照明、监狱的警卫照明等等。

所有建筑或设施中需要在正常供电中断后使用的备用照明、安全照明以及疏散标志照明都作为一级负荷。为确保一级负荷，应有两个独立电源供电，两个电源之间应无联系，

且不致同时停电。

2.二级负荷

中断供电将在政治上、经济上造成较大损失，严重影响重要单位的正常工作以及造成重要的公共场所秩序混乱。

如使主要设备损坏、大量产品报废，重点企业大量减产；省市图书馆的阅览室照明；三星级宾馆饭店的高级客房、宴会厅、餐厅、娱乐厅等照明；大、中型火车站及内河港客运站、高层住宅的楼梯照明、疏散标志照明等。

二级负荷应尽量做到：当发生电力变压器故障或电力线路等常见故障时（不包括极少见的自然灾害）不致中断供电，或中断后能迅速恢复供电。

3.三级负荷

不属于一、二级负荷的均属三级负荷，三级负荷由单电源供电即可。

（三）供电电压的选择

交流动力设备采用 380 V 或 220 V 电压供电；直流动力设备采用 ±110 V、±220 V 电压供电。

从安全条件出发，照明的电源电压一般按以下原则决定：

（1）在正常环境中，我国照明电压采用交流 220 V，少数情况下采用交流 380 V；

（2）容易触及而又无防止触电措施的固定式或移动式灯具，其安装高度距地面为 2.4 m 以下时，在下列场所的使用电压不应超过 36 V：

1）特别潮湿，相对湿度经常在 90% 以上；

2）高温，环境温度经常在 40℃ 以上；

3）具有导电性灰尘；

4）具有导电地面：金属或特别潮湿的土、砖、混凝土地面等。

（3）手提行灯的电压一般采用 36V，但在不便于工作的狭窄地点，且工作者在接触良好接地的大块金属面上工作（如在锅炉、金属容器内或金属平台上等），手提行灯的供电电压不应超过 12 V；

（4）由蓄电池供电时，可根据容量大小、电源条件、使用要求等因素分别采用 220 V、36 V、24 V、12 V；

（5）热力管道隧道和电缆隧道内的照明电压宜采用 36 V。

二、动力与照明供电系统

（一）工业企业供电系统

1.电源

照明电源一般由动力变压器提供。为避免动力负荷造成的电压波动和偏移的影响，动力线路和照明线路应分开独立供电。在照明负荷较大，技术经济比较合理时，可采用照明专用变压器供电。

2.供电方式

典型的供电方式有以下几种：

（1）照明与动力共用一台变压器供电。如图 4-2 所示，为保证照明质量，照明线路与动力线路分开。这可避免由于动力设备的起动所引起的电压波动对照明装置的影响。应急照明亦与工作照明分开线路供电。为提高应急照明供电的可靠性，可将应急照明与邻近变电所低压母线相连，以取得备用电源。备用电源可采用自动投入装置（APD）。

（2）两台变压器供电。如图 4-3 所示。应急照明由不同变电所的两台变压器交叉供电。任一变电所停电时，可用手动或自动投入由另一变电所的变压器供电给应急照明。对于一、二线的照明负荷，采用自动切换装置来实现两个电源供电。

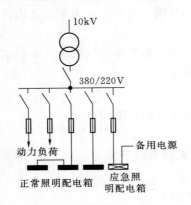

图 4-2　照明与动力由一台变压器
供电的照明系统

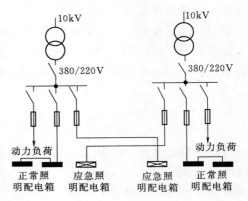

图 4-3　应急照明由两台变压器交叉
供电的照明系统

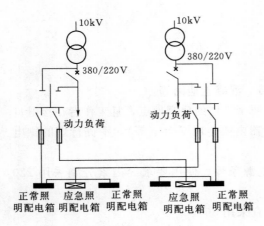

图 4-4　变压器—干线式供电的
车间照明系统

（3）车间的低压供电采用变压器—干线系统。如图 4-4 所示，照明供电线路由变压器低压侧的总开关前接出，这可保证照明供电的可靠性。

（二）大型民用建筑照明供电系统

所谓大型民用建筑是指高层民用住宅、旅游宾馆、高层办公大楼、商业楼宇、体育场等。从供电的角度来看，它们的共同特点是：负荷容量大，且照明负荷占的比例达 30%～35%；一、二级负荷多；都设有变配电所等。

1. 电源

大型民用建筑作为整体来说，均属二级以上的负荷，它们最起码由一路 6kV 以上的专用线路作为主电源。按防火规范要求，大都设置有自备应急发电机组作为第二电源，以在外部电网万一中断供电时，能保证建筑物内的一、二级负荷的用电。对计算机、防火通信系统、应急照明、电话、电视等特别重要的一级负荷，配备有不间断供电装置（UPS）作为第三电源。

2. 供电方式

目前常用的方案有以下几种：

（1）两路电源互为备用。如图 4-5 所示，采用两路 10 kV 独立电源供电，变压器低压侧采用单母线分段的结线方案，正常运行时，两路电源同时工作。这种方案供电的可靠性高，但供电线路和变压器均须按100％备用容量选择设备，所以初投资也高。

（2）两路电源一备一用。如图 4-6 所示，它也是采用两路 10 kV 独立电源供电。在正常运行时，线路和变压器均处于满负荷状态下运行。在正常电源停电后，备用电源手动或自动投入运行。与图 4-5 所示的互为备用方案相比，如这种方案的备用线路和变压器经常维护不好，则有可能起不到备用作用。

（3）一路高压供电、低压备用。如图 4-7 所示，对用电量不大，当地获得两路独立的高压电源又较困难，而附近有 400 V 的低压备用电源时，可采用一路 10 kV 电源作为主电源，400 V 低压电源作为备用电源。这种方案适合于一般高层住宅。

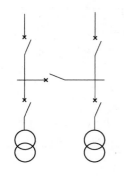

图 4-5　两路 10 kV 电源
同时供电（互为备用）

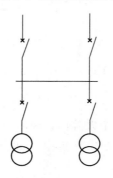

图 4-6　两路 10 kV
电源一备一用

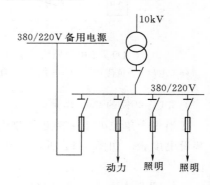

图 4-7　一路高压供电、低压备用

（4）一路高压供电、自备应急发电机。当建筑物对供电的可靠性要求较高，而又只能得到一路独立高压电源时，可采用图 4-8 所示的方案。它以一路 10 kV 专用线路作为主电源，自备发电机作为第二电源，必要时可装设不间断供电装置（UPS）作为第三电源。

（三）普通民用建筑照明供电系统

这里所定义的普通民用建筑是根据其用电设备容量的大小而言。这类建筑的用电设备容量小，都是由市电的 380/220 V 电网供电。由于电价有照明和非工业电力（如锅炉房的鼓风机、水泵电动机等负荷）之分，故普通民用建筑的用电计量装置有照明电度表和电力电度表两种。

普通民用建筑供电系统有以下几种常用的方案：

1. 单电源照明供电

主接线如图 4-9 所示，适用于只有照明设备的三级负荷。其中图（a）的负荷较小，主开关选用负荷开关；图（b）的负荷较大，主开关为自动空气开关。

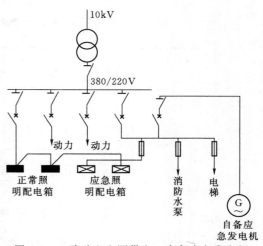

图 4-8　一路独立电源供电、自备应急发电机

73

2. 单电源照明及动力供电

主接线如图 4-10 所示，适用于既有属于照明电价又有属于非工业电力电价的三级负荷。照明电度表和电力电度表可共用电源引入线。

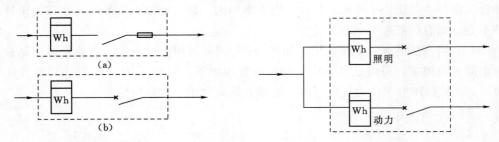

图 4-9　单电源照明供电系统　　　图 4-10　单电源照明及动力供电
（a）主开关为负荷开关；（b）主开关为自动空气开关

3. 多单位的单电源供电

当多个单位处于一幢建筑物内或一个大院内，通常由一处引入电源，然后按单位分别装设电度表。如图 4-11 所示，装设的方式有集中式和分散式。显然它只能向三级负荷供电。

4. 双电源照明及动力供电

双电源照明及动力供电，一般采用互为备用的方案。为在两个电源切换时，仍能分别进行照明与非工业电力用电的计量，可采用在两块总表后设子表的办法。图 4-12 所示是有部分照明需要双电源供电的主接线方案。在正常情况下，照明负荷全部由 1 电源供电；动力负荷由 2 电源供电。当 1 电源故障停止供电，其中一部分照明负荷切换至 2 电源供电，此时耗用的电能由照明子表计量。

双电源的切换可以采用手动或自动方式，图 4-13 所示是双电源一备一用（自投不自复）的二次控制回路结线图，其工作原理如下：

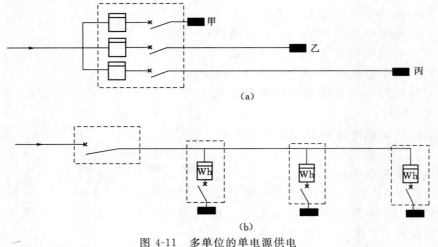

图 4-11　多单位的单电源供电
（a）集中式；（b）分散式

当 1 电源停电后，2 电源立即自动投入运行，故称为双电源一备一用。工作时合上两个电源主开关 QF1 和 QF2，若先使用 1 电源，则先闭合 KM1 控制回路的开关 SA1，KM1 启动，其主触头 KM1 闭合，1 电源向馈电母线送电。随后闭合 KM2 控制回路的开关 SA2，此时由于 KM1 处于工作状态，其辅助触点 KM1 断开 KM2 的控制回路，故 KM2 不能得电，但已做好启动准备。一旦 1 电源停电，KM1 线圈失去控制电源，KM1 主触

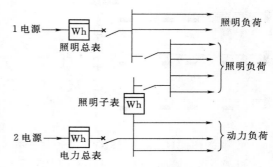

图 4-12　部分照明或电力负荷双电源供电

头分断，且其常闭触点复位使 KM2 控制回路通电，KM2 启动，于是 KM2 主触头闭合，由 2 电源向馈电母线送电。同时 KM2 辅助触点分断了 KM1 的控制回路，此后，即使 1 电源恢复，KM1 的控制回路也处于断开状态，只有当 2 电源停电、或再手动选择开关 SA2 后，才能启动 KM1，这就是所谓"自投不自复"。

双电源供电的方案有互为备用和一备一用两种，而控制回路又有自投自复和自投不自复两种。双电源可取自市电，也可一路为市电，另一路由自备应急发电机供电或带逆变器的镍镉电池供电。在实际设计时，可根据用户的需要和市电的情况选择适当的主接线和二次控制回路，以满足负荷级别的要求。

三、电气照明配电系统

（一）配电网络的接线方式

配电方式有多种，可根据实际情况选定。而基本的配电方式有以下四种。

（1）放射式。图 4-14（a）所示是放射式配电系统，其优点是各负荷独立受电，线路发生故障时，不影响其他回路继续供电，故可靠性较高；回路中电动机起动引起的电压波

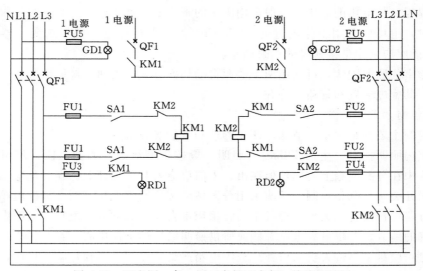

图 4-13　双电源一备一用（自投不自复）接线原理图

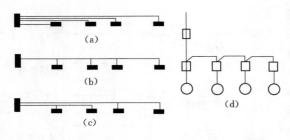

图 4-14　基本的配电方式

(a) 放射式；(b) 树干式；(c) 混合式；(d) 链式

动，对其他回路的影响较小。但建设费用较高，有色金属耗量较大。放射式配电一般用于重要的负荷。

（2）树干式。图 4-14（b）所示是树干式配电系统。与放射式相比，其优点是建设费用低，但干线出现故障时影响范围大，可靠性差。

（3）混合式。图 4-14（c）所示是混合式配电系统。它是放射式和树干式的综合运用，具有两者的优点，所以在实际工程中应用最为广泛。

（4）链式。图 4-14（d）所示是链式配电系统。它与树干式相似，适用于距离配电所较远，而彼此之间相距又较近的不重要的小容量设备，链接的设备一般不超过 3～4 台。

（二）配电线路

灯具一般由照明配电箱以单相支线供电，但也可以二相或三相的分支线对许多灯供电（灯分别接于各相上）。采用两相三线或三相四线供电比单相二线供电优越：线路的电能损耗、电压损耗都减小，对于气体放电灯还可以减少光通量的脉动。其缺点是导线用得多，有色金属消耗量增加，投资也增加。考虑到使用与维修的方便，从配电箱接出的单相分支线所接的灯数不宜过多。一般每一路单相回路不超过 15 A，出线口（包括插座）不超过 20 个（最多不超过 25 个），但花灯、彩灯、大面积照明等回路除外。

每个分配电盘（箱）和线路上各相负荷分配应尽量均衡。

屋外灯具数量较多时，可用三相四线供电。各个灯分别接到不同的相上。

局部照明负荷较大时可设置局部照明配电箱，当无局部照明配电箱时，局部照明可从常用照明配电箱或事故照明配电箱以单独的支线供电。

供手提行灯接电用的插座，一般采用固定的干式变压器供电。当插座数量很少，且不经常使用时，也可以采用工作附近的 220V 插座，手提行灯通过携带式变压器接电。此时，220V 插座应采用带接地极的三眼插座。

重要厅室的照明配线，可采用两个电源自动切换方式或由两电源回路各带一半负荷的交叉配线，其配电装置和管路应分开。

（三）控制方式

灯的控制主要满足安全、节能、便于管理和维护等要求。

（1）室内照明控制。生产厂房内的照明一般按生产组织（如加工段、班组、流水线等）分组集中在分配电箱上控制，但在出、入门口应安装部分开关。在分配电箱内可直接用分路单极开关实行分相控制。照明采用分区域或按房间就地控制时，分配电箱之出线回路可只装分路保护设备。大型厂房或车间宜采用带自动开关的分配电箱，分配电箱应安装在便于维修的地方，并尽量靠近电源侧或所供照明场地的负荷中心。在非昼夜工作的房间中，分配电箱应尽量靠近人员入口处。分配电箱严禁装设在有爆炸危险的场所，可放在邻近的非爆炸危险房间或电气控制间内。

一般房间照明开关装在入口处的门把手旁边的墙上。偶尔出入的房间（通风室、贮藏室等），开关宜装在室外，其他房间均宜装在室内。房间内灯具数量为一个以上时，开关数量不宜少于两个。

天然采光照度不同的场所，照明宜分区控制。

（2）室外照明控制。工业企业室外的警卫照明、露天料堆场照明、道路照明、户外生产场所照明及高大建筑物的户外灯光装置均应单独控制。

大城市的主要街道照明，可用集中遥控方式控制高压开关的分合，及通断专用照明变压器以达到分片控制的目的。大城市的次要街道和一般城市的街道照明采用分片分区的控制方式。

工业企业的道路照明和警卫照明宜集中控制，控制点一般设在有值班人员的变电所或警卫室内。

为节约电能，要求在后半夜切断部分道路的照明，切断方式如下：

1）切断间隔灯杆上的部分照明；

2）切断同一灯杆上的部分照明器；

3）大城市主要干道切断自行车道和人行道照明，保留快车道照明。

四、动力与照明配电系统举例

某一重要用户，采用 $2 \times 200 \text{ kV} \cdot \text{A}$，$10/0.4 \text{ kV}$ 变压器 Y，yn0 接线供电。为保证供电的可靠性，防止电网失电造成动力与照明设备停电，自备 200 kW 内燃发电机一台为备用应急电源。

该配电系统经负荷计算，需照明出线配电柜三台（备用一台），动力配电柜三台（备用一台），进线柜二台，照明计费柜一台，电容无功补偿柜二台，由某市供电局设计室设计。配电系统图如图 4-15 所示，均采用 GGD 型系列配电柜，现分析其功能。

（一）5#、11#进线柜

进线柜采用 GGD1—$^{12}_{13}$进线柜（改）型，在标准型式上，将其中一台 HD13BX 型刀开关改成 HS13BX 型刀关，便于实现因电网停电时发电机发电供电时的切换。

两台进线柜分别采用了二组电流互感器，其中一组为系统供电时的负荷测量显示与计费使用，HS13BX 型刀开关处的电流互感器则在系统失电发电机投入时监测负荷情况，而自备供电时不会进入计费测量系统。该柜采用 DWX15 系列电动操作空气开关，用于短路、过载保护和正常运行时的开合。

（二）4#照明计费柜

照明计费柜采用 GGD1—13（改）型，同进线柜 5#、11#，采用了一台 HS13BX 型刀开关，用于自备发电机发电时的切换。

电流互感器采用二组，一组用于供电局照明计费，一组用于供电时照明负荷的监测显示。

（三）1#、2#、3#照明配电柜

分别采用 GGD1—34B 型和 GGD1—51B 型，其中 1#、2#柜共 8 条出线供照明配电，3#柜 4 条出线为备用。

每条出线均装设备流互感器于 B 相，与监测仪表配合，用于监测每条出线回路的负荷

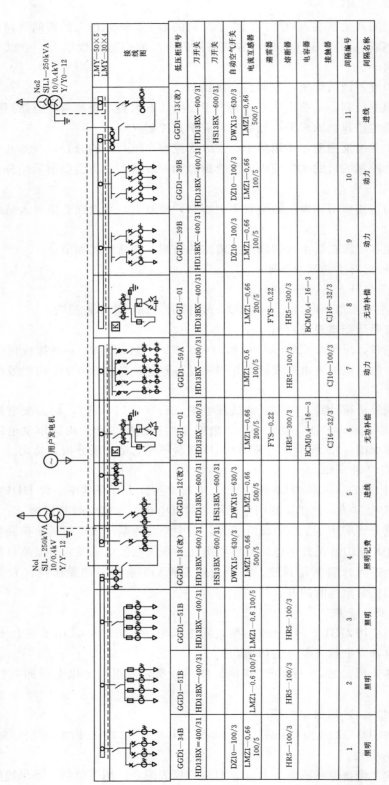

图 4-15 某用户配电系统图

情况。

每条出线均采用 DZ10 型自动空气开关或 HR5 型熔断器，作为出线的短路和过载保护及正常开合时使用。

（四）7#、9#、10#动力配电柜

分别采用 GGD1—59A 和 GGD1—39B 型，其中 9#、10#柜共 8 条出线供动力配电，出线采用 DZ10 型自动空气开关，作为出线的短路和过载保护及正常开合时使用。

7#柜共 5 条出线，作为动力配电的备用，选自 1#变压器供电，均采用 HR5 型熔断器和 CJ10 型交流接触器相配合，作为出线短路和过载保护及正常开合时使用。

（五）6#、8#电容无功补偿柜

采用 GGJ1—01 柜，分别对 1#和 2#变压器低压母线进行无功补偿。每柜分别由 8 台 BCMJ0.4—16/3 型电容器组成，补偿容量为 126 kvar，由无功补偿投切控制仪按照设定的功率因数要求，自动进行电容器的投切，使配电系统的无功消耗保持在最低状态，从而提高电压质量，减少输配电系统和变压器的损耗。

无功补偿投切控制仪的电流信号必须分别取自 5#、11#进线柜的电流信号，才能正确对该母线段的电容容量进行投切。

（六）问题

请根据该配电系统图，说明在电网停电时，用户发电机起动后，如何才能保证用户的供电。

第二节　导线截面的选择

一、照明线路电压损失计算

所谓电压损失是指线路始端电压与末端电压的代数差。控制电压损失是为了使线路末端灯具的电压偏移符合要求。

（一）照明网络允许电压损失值的确定

照明网络中允许电压损失的大小按下式确定

$$\Delta U = U_e - U_{min} - \Delta U_i \qquad (4\text{-}1)$$

式中　ΔU——照明线路中电压损失值允许值；

　　U_e——变压器空载运行时额定电压（V）；

　　U_{min}——距离最远的照明灯具允许的最低电压（V）；

　　ΔU_i——变压器内部电压损失，折算到二次电压。

在式（4-1）中，假定变压器一次侧端子电压额定值，或为电压分接头的电压对应值。

变压器内部损失电压 ΔU_i 可近似地按下式确定

$$\Delta U_i = \beta(U_a \cos\varphi + U_r \sin\varphi) \qquad (4\text{-}2)$$

式中　β——变压器负荷率；

　　U_a——变压器短路有功电压；

　　U_r——变压器短路无功电压；

　　$\cos\varphi$——变压器二次绕组端子上的功率因数。

U_a 和 U_r 的数值由下式确定

$$U_a = \frac{P_d}{S_e} \times 100$$

$$U_r = \sqrt{U_d^2 - U_a^2}$$

(4-3)

式中　P_d——变压器的短路损耗（kW）；

$\qquad$ S_e——变压器额定容量（kVA）；

$\qquad$ U_d——变压器的短路电压。

P_d、U_d 的值可在变压器产品样本中查得。

当缺乏计算资料时，线路允许电压损失可取 3%～5%。

（二）电压损失计算

（1）三相平衡的照明负荷线路、接于线电压（380 V）的照明负荷线路、接于相电压（220 V）的单相负荷线路，它们的电压损失计算公式列于表 4-1 供选用。

表 4-1　　　　　　　　　　　线路电压损失的计算

线 路 种 类	线路电压损失的计算	符 号 说 明
三相平衡负荷线路	$\Delta u = \frac{\sqrt{3} Il}{10 U_l}(R_0 \cos\varphi + X_0 \sin\varphi) = Ilu_a$ $= \frac{Pl}{10 U^2}(R_0 + X_0 \mathrm{tg}\varphi) = Plu_p$	Δu——线路电压损失（%）； U_l——线路额定电压（kV）； I——负荷电流（A）； $\cos\varphi$——负荷功率因数； P——负荷的有功功率（kW）；
线电压的单相负荷线路	$\Delta u = \frac{2u}{10 U_l}(R_0 \cos\varphi + X_0 \sin\varphi)$ $\approx 1.15 Il\Delta u_a$ $= \frac{2Pl}{10 U_l^2}(R_0 + X_0 \mathrm{tg}\varphi) \approx 2Plu_p$	l——线路长度（km）； R_0、X_0——三相线路单位长度的电阻和电抗（Ω/km）；
相电压的单相负荷线路	$\Delta u = \frac{2\sqrt{3} Il}{10 U_l}(R_0 \cos\varphi + X_0 \sin\varphi)$ $\approx 2Il\Delta u_a$ $\approx \frac{6Pl}{10 U_l^2}(R_0 + X_0 \mathrm{tg}\varphi) \approx 6Plu_p$	Δu_a——三相线路单位电流长度的电压损失 [%/（A·km）]； u_p——三相线路电压损失 [%/（kW·km）]

（2）简化计算。对于 380/220 V 低压网络，若整条线路的导线截面、材料都相同，不计线路电抗，且 $\cos\varphi \approx 1$ 时，电压损失可按下式进行计算

$$\Delta u\% = \frac{R_0 \sum_1^n Pl}{10 U_l^2} = \frac{\sum M}{CA}$$

(4-4)

式中　$\sum M$——总负荷矩，$\sum M = \sum Pl$；

$\qquad$ P——各负荷的有功功率（kW）；

$\qquad$ l——各负荷至电源的线路长度（km）；

$\qquad$ A——导线截面（mm^2）；

$\qquad$ C——线路系数，根据电压和导线材料而定，可查表 4-2。

（3）不对称线路的电压损失计算是很复杂的，但若导线截面相同，材料相同，负载 $\cos\varphi \approx 1$，且线路电抗略去不计时，问题即可简化。此时线路上的电压损失可视为相线上

的电压损失和零线（中性线）上电压损失之和，用公式表示如下

$$\Delta U_a\% = \frac{M_a}{2CA_a} + \frac{M_a - 0.5(M_b + M_c)}{2CA_0} \qquad (4-5)$$

式中　M_a——计算 a 相的负荷矩（kW·m）；

　　　M_b、M_c——其它两相的负荷矩（kW·m）；

　　　A_a——计算相导线截面（mm²）；

　　　A_0——零线截面（mm²）；

　　　C——两根导线线路系数（表 4-2）；

　　　$\Delta U_a\%$——计算相的线路电压损失百分数。

当 $A_0 = 0.5A_a$ 时

$$\Delta U\% = \frac{3M_a - M_b - M_c}{2CA_a} \qquad (4-6)$$

各相负荷矩应计算到该相末端的灯泡。但当计算某一相时，如其他两相灯泡的位置远于此相最末灯泡，则该两相的灯泡应移至计算相最末灯泡的位置进行计算。

（4）$\cos\varphi \neq 1$ 时，线路电压损失的计算。

由于气体放电灯的大量采用，实际照明负载 $\cos\varphi \neq 1$，照明网络每一段线路的全部电压损失可用下式计算

$$\Delta U_j\% = \Delta U\% R_c \qquad (4-7)$$

式中　$\Delta U\%$——由有功负荷及电阻引起的电压损失按式（4-4）、（4-5）计算得；

　　　R_c——计入"由无功负荷及电抗引起的电压损失"的修正系数，查表 4-3。

表 4-2　　线路电压损失计算公式中的 C 值

线路额定电压（V）	线路系统	C值计算公式	C 值	
			铜线	铝线
380/220	三相四线	$10\gamma U_l^2$	77	46.2
380/220	三相三线	$\dfrac{10\gamma U_l^2}{2.25}$	34	20.5
220	单相或直流	$5\gamma U_p^2$	12.8	7.75
110			3.2	1.9
36			0.34	0.21
24			0.153	0.092
12			0.038	0.023

注　1. 环境温度取 +25℃。

　　2. U_l 为线电压、U_p 为相电压，单位 kV。

　　3. 导线电导率：铜线的 $\gamma = 53$ m/（Ω·mm²），铝线的 $\gamma = 32$ m/（Ω·mm²）。

表 4-3　　　　　　　　计算电压损失的修正系数 R_c 数值表

截面（mm²）	电缆、穿管导线当 cosφ					明 敷 导 线 当 cosφ									
	0.5	0.6	0.7	0.8	0.9	0.5	0.6	0.7	0.8	0.9	0.5	0.6	0.7	0.8	0.9
						室内线间距离 150（mm）					室外线间距离 400（mm）				
			铝				芯								
2.5	1.01	1.01	1.01	1.01	1.00	1.04	1.03	1.02	1.02	1.01	—	—	—	—	—
4	1.02	1.01	1.01	1.01	1.01	1.06	1.05	1.04	1.03	1.02	—	—	—	—	—
6	1.03	1.02	1.02	1.01	1.01	1.09	1.07	1.05	1.04	1.03	—	—	—	—	—
10	1.04	1.03	1.02	1.02	1.01	1.14	1.11	1.08	1.06	1.04	1.18	1.14	1.11	1.08	1.05
16	1.05	1.04	1.03	1.02	1.02	1.22	1.17	1.13	1.09	1.06	1.29	1.22	1.17	1.12	1.08
25	1.08	1.06	1.05	1.04	1.02	1.32	1.25	1.19	1.14	1.09	1.43	1.33	1.25	1.19	1.12
35	1.11	1.09	1.07	1.05	1.03	1.43	1.33	1.25	1.19	1.12	1.59	1.45	1.34	1.25	1.16
50	1.16	1.12	1.09	1.07	1.04	1.59	1.46	1.34	1.25	1.16	1.81	1.62	1.48	1.35	1.23
70	1.21	1.16	1.13	1.09	1.06	1.78	1.60	1.46	1.34	1.22	2.10	1.85	1.65	1.48	1.31
95	1.29	1.22	1.17	1.12	1.08	2.02	1.78	1.60	1.44	1.29	2.44	2.11	1.85	1.62	1.40
120	1.36	1.28	1.21	1.16	1.10	2.25	1.90	1.73	1.54	1.35	2.79	2.37	2.10	1.78	1.50
150	1.45	1.34	1.26	1.19	1.12	2.51	2.16	1.89	1.65	1.42	3.18	2.67	2.28	1.94	1.61
185	1.55	1.42	1.32	1.24	1.15	2.79	2.37	2.05	1.17	1.50	3.62	3.01	2.54	2.13	1.73

截 面 （mm²）	电缆、穿管导线当 cosφ					明 敷 导 线 当 cosφ									
						0.5	0.6	0.7	0.8	0.9	0.5	0.6	0.7	0.8	0.9
	0.5	0.6	0.7	0.8	0.9	室内线间距离 150（mm）					室外线间距离 400（mm）				
	铜					芯									
1.5	1.01	1.01	1.01	1.01	1.00	—	—	—	—	—	—	—	—	—	—
2.5	1.02	1.02	1.01	1.01	1.01	1.07	1.05	1.04	1.03	1.02	—	—	—	—	—
4	1.03	1.02	1.02	1.01	1.01	1.11	1.08	1.06	1.05	1.03	—	—	—	—	—
6	1.05	1.03	1.03	1.02	1.01	1.16	1.12	1.09	1.07	1.04	—	—	—	—	—
10	1.06	1.05	1.04	1.03	1.02	1.24	1.18	1.14	1.10	1.07	1.31	1.24	1.18	1.13	1.09
16	1.09	1.07	1.05	1.04	1.03	1.36	1.28	1.21	1.16	1.10	1.48	1.37	1.28	1.21	1.14
25	1.14	1.11	1.08	1.06	1.04	1.54	1.41	1.32	1.23	1.15	1.73	1.56	1.43	1.32	1.20
35	1.19	1.14	1.11	1.08	1.05	1.72	1.56	1.43	1.31	1.20	1.99	1.76	1.58	1.43	1.28
50	1.26	1.20	1.15	1.11	1.07	1.99	1.76	1.58	1.43	1.28	2.37	2.05	1.80	1.59	1.38
70	1.36	1.28	1.21	1.16	1.10	2.32	2.01	1.78	1.57	1.37	2.85	2.42	2.08	1.80	1.51
95	1.48	1.37	1.23	1.21	1.13	2.72	2.32	2.01	1.74	1.48	3.43	2.87	2.43	2.05	1.68
120	1.61	1.47	1.36	1.26	1.17	3.09	2.61	2.23	1.91	1.59	4.00	3.30	2.76	2.29	1.84
150	1.75	1.58	1.44	1.33	1.21	3.54	2.95	2.49	2.10	1.74	4.65	3.81	3.15	2.58	2.02

二、照明线路导线截面的计算

由于电压偏差对照明质量的影响比较显著，而照明装置的负荷电流又比较小，因此照明线路导线截面的选择，往往先按允许电压损耗条件考虑，然后校验其发热条件和机械机度。

（一）均一照明线路导线截面的选择

按下式来选择，即相线截面为

$$A = \frac{\sum M}{C\Delta U_{al}\%} \tag{4-8}$$

式中　$\sum M$——线路的所有功率矩之和（kW·m），$\sum M = \sum(Pl)$；

　　　C——计算系数（kW·m/mm²），查表 4-3；

　　$\Delta U_{al}\%$——从线路首端（通常为低压母线）到线路末端的允许电压损耗（即电压降）百分值，一般为 3% 左右。

按上式计算出的截面，应取相近偏大的标准截面，并应校验发热条件和机械强度。

（二）有分支照明线路导线截面的选择

对有分支照明线路导线截面的选择原则是：在技术上要满足允许电压降、发热及机械强度等要求，同时在经济上又要符合有色金属量最小的条件。

略去推导，按允许电压损耗（即电压降）选择有分支照明线路干线截面的近似公式为

$$A = \frac{\sum M + \sum \alpha M'}{C\Delta U_{al}\%} \tag{4-9}$$

式中　$\sum M$——计算线段及其后面具有与计算线段相同导线根数的线段的功率（$M = Pl$）之和；

　　$\sum \alpha M'$——由计算线段供电而导线根数与计算线段不同的所有分支线的功率（$M' = Pl$）之和，这些功率矩在相加之前，应分别乘以功率矩换算系数 α，α 值可查表 4-4；

C——计算系数，查表 4-2；

$\Delta U_{al}\%$——从计算线段的首端起至整个线路末端止的允许电压降百分值。

应用上述近似公式进行计算时，应从最靠近电源的第一段干线开始，依次往后选择计算各线段的导线截面。计算出导线截面后，应选取相近偏大的标准截面，以弥补上述公式简化而带来的误差，同时应检验其发热条件和机械强度，并按规定确定其中性线、保护线或保护中性线截面。请注意，对于前一两段线路，当其后面的线路比较长的时候，往往需越级选取更大的标准截面，以使后段线路计算的导线截面不致大于前段导线截面。

表 4-4　　　功率矩换算系数 α 值

干　　线	分支线	换算系数 α	
		代号	数值
三相四线	单　　相	α_{4-1}	1.83
三相四线	两相三线	α_{4-2}	1.37
两相三线	单　　相	α_{3-1}	1.33
三相三线	两相三线	α_{3-2}	1.15

在某段线路的导线截面选定之后，即可按下式计算该线段的实际电压降

$$\Delta U\% = \frac{\sum M}{CA} \qquad (4\text{-}10)$$

在计算下一段线路的导线截面时，后面线路总的允许电压降应为

$$\Delta U_{al}\% = \Delta U'_{al}\% - \Delta U\% \qquad (4\text{-}11)$$

其余依此类推，直到将所有分支线路的导线截面选出为止。

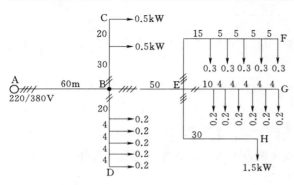

图 4-16　例 4-1 的照明供电系统

（线段长度单位为 m，负荷单位为 kW）

例 4-1　按导线材料消耗量最小条件选择图 4-16 所示照明供电系统各段线路的导线截面，线路电压为 220/380 V，允许电压降为 2.5%，导线采用 BLV 型铝芯塑料线明敷，环境温度为 +25℃。

解　（1）计算各段线路的功率矩。

AB 段　　　　　　$M_{AB} = 6.2\ kW \times 60\ m = 372\ kW \cdot m$

BC 段　　　　　　$M'_{BC} = 1\ kW \times 40\ m = 40\ kW \cdot m$

BD 段　　　　　　$M'_{BD} = 1\ kW \times 28\ m = 28\ kW \cdot m$

BE 段　　　　　　$M_{BE} = 4.2\ kW \times 50\ m = 210\ kW \cdot m$

EF 段　　　　　　$M_{EF} = 1.5\ kW \times 25\ m = 37.5\ kW \cdot m$

EG 段　　　　　　$M'_{EG} = 1.2\ kW \times 20\ m = 24\ kW \cdot m$

EH 段　　　　　　$M'_{EH} = 1.5\ kW \times 30\ m = 45\ kW \cdot m$

（2）选择 AB 段的导线截面。

$$A_{AB} = \frac{\sum M + \sum \alpha M'}{C\Delta U_{al}\%} = \frac{M_{AB} + M_{BE} + M_{EF} + \alpha_{4-2} M'_{EH} + \alpha_{4-1}(M'_{BC} + M'_{BD} + M'_{EG})}{C\Delta U_{al}\%}$$

$$= \frac{372 + 210 + 37.5 + 1.37 \times 45 + 1.83 \times (40 + 28 + 24)}{46.2 \times 2.5}$$

$$= 7.36\ (mm^2)$$

故 AB 段的相线截面选为 10 mm²，中性截面选为 6 mm²。相线允许载流量 $I_{al}=59$ A，实际电流 $I=9.4$ A，完全满足发热条件。按机械强度，最小截面为 2.5 mm²，因此也满足要求。

（3）计算 AB 段线路的电压降及 B 点以后的允许电压降。

$$\Delta U_{AB}\% = \frac{M_{AB}}{CA_{AB}} = \frac{372}{46.2 \times 10}\% = 0.81\%$$

故

$$\Delta U_{al(B \to)}\% = \Delta U_{al}\% - \Delta U_{AB}\% = 2.5\% - 0.81\% = 1.69\%$$

（4）选择 BC、BD、BE 各段线路的导线截面

$$A_{BC} = \frac{M'_{BC}}{C\Delta U_{al(B \to)}\%} = \frac{40}{7.75 \times 1.69} \text{mm}^2 = 3.1 \text{ mm}^2$$

因此 BC 段的相线和中性线截面均选为 4 mm²，也都满足发热条件（$I_{al}=32$ A$>I=4.55$ A）和机械强度要求。

$$A_{BD} = \frac{M'_{BD}}{C\Delta U_{al(B \to)}}\% = \frac{28}{7.75 \times 1.69} \text{mm}^2 = 2.1 \text{ mm}^2$$

因此 BD 段的相线和中性线截面均选为 2.5 mm²，也都满足发热条件（$I_{al}=25$ A$>I=$ 4.55 A）和机械强度要求。

$$A_{BE} = \frac{M_{BE} + M_{EF} + 1.37M'_{EH} + 1.83M'_{EG}}{C\Delta U_{al(B \to)}}\%$$

$$= \frac{210 + 37.5 + 1.37 \times 45 + 1.83 \times 24}{46.2 \times 1.69} \text{mm}^2 = 4.5 \text{mm}^2$$

因此 BE 段的相线截面选为 6 mm²，中性线截面选为 4 mm²，也都满足发热条件（$I_{al}=42$ A$>I=6.4$ A）和机械强度要求。

（5）计算 BE 段线路的电压降及 E 点以后的允许电压降。

$$\Delta U_{BE}\% = \frac{M_{BE}}{CA_{BE}} = \frac{210}{46.2 \times 6}\% = 0.76\%$$

故

$$\Delta U_{al(E \to)}\% = \Delta U_{al(B \to)} - \Delta U_{BE}\% = 1.69\% - 0.76\% = 0.93\%$$

（6）选择 EF、EG 和 EH 各段线路的导线截面。

$$A_{EF} = \frac{M_{EF}}{C\Delta U_{al(B \to)}\%} = \frac{37.5}{46.2 \times 0.93} \text{mm}^2 = 0.87 \text{ mm}^2$$

考虑到机械强度要求，EF 段的相线和中性线截面均选为 2.5 mm²，校验发热条件（$I_{al}=$ 25 A$>I=2.3$ A）也满足要求。

$$A_{EG} = \frac{M'_{EG}}{C\Delta U_{al(E \to)}\%} = \frac{24}{7.74 \times 0.93} \text{mm}^2 = 3.3 \text{ mm}^2$$

因此 EG 段的相线和中性线截面均选为 4 mm²，也都满足发热条件（$I_{al}=32$ A$>I=5.5$ A）和机械强度要求。

$$A_{EH} = \frac{M'_{EH}}{C\Delta U_{al(B \to)}\%} = \frac{45}{20.5 \times 0.93} \text{mm}^2 = 2.4 \text{ mm}^2$$

因此 EH 段的相线和中性线截面均选为 2.5 mm²，也都满足发热条件（$I_{al}=25$ A$>I=3.4$ A）和机械强度要求。

（7）最后将所选各段线路导线截面标明在照明系统图上，或另行列表说明。

三、动力与照明供电导线截面的选择

（一）导线截面选择条件

1. 按载流量选择

即按导线的允许温升选择。在最大允许连续负荷电流通过的情况下，导线发热不超过线芯所允许的温度，导线不会因过热而引起绝缘损坏或加速老化。选用时导线的允许载流量必须大于或等于线路中的计算电流值。

导线的允许载流量是通过实验得到的数据。不同规格的电线（绝缘导线及裸导线）、电缆的载流量和不同环境温度、不同敷设方式、不同负荷特性的校正系数等可查阅有关设计手册。此处仅列出最常用的导线的载流量表供参考，见表 4-5、表 4-6、表 4-7。

表 4-5　　　　　　　　　　单芯布电线空气敷设载流量

导线工作温度：65℃，环境温度：25℃，适用电线型号：BX、BLX、BXF、BLXF、BV、BLV、BVR　　　　单位：A

导线截面	橡皮绝缘		塑料绝缘		导线截面	橡皮绝缘		塑料绝缘	
	Cu	Al	Cu	Al		Cu	Al	Cu	Al
0.75	18	—	16	—	50	230	175	215	165
1	21	—	19	—	70	285	220	265	205
1.5	27	19	24	16	95	345	265	325	250
2	—	—	—	—	120	400	310	375	285
2.5	35	27	32	25	150	470	360	430	325
4	45	35	42	32	185	540	420	490	380
6	58	45	55	42	240	660	510		
10	85	65	75	59	300	770	610		
16	110	85	105	80	400	940	730		
25	145	110	138	105	500	1100	850		
35	180	138	170	130	630	1250	980		

表 4-6　　　　　　　　聚氯乙烯绝缘软线和护套电线空气敷设载流量

导线工作温度：65℃，环境温度：25℃，适用电线型号：RV、RVV、RVB、RVS、BFB、RFS、BVV、BLVV　　　　单位：A

导线截面（mm²）	一　芯		二　芯		三　芯		导线截面（mm²）	一　芯		二　芯		三　芯	
	Cu	Al	Cu	Al	Cu	Al		Cu	Al	Cu	Al	Cu	Al
0.12	5	—	4	—	3	—	1.5	24	—	19	—	14	—
0.2	7	—	5.5	—	4	—	2	28	—	22	—	17	—
0.3	9	—	7	—	5	—	2.5	32	25	26	20	20	16
0.4	11	—	8.5	—	6	—	4	42	34	36	26	26	22
0.5	12.5	—	9.5	—	7	—	6	55	43	47	33	32	25
0.75	16	—	12.5	—	9	—	10	75	59	65	51	52	40
1	19	—	15	—	11	—							

2. 按电压损失选择

导线上的电压损失应低于最大允许值，以保证供电质量。

3. 按机械强度要求

在正常工作状态下，导线应有足够的机械强度以防断线，保证安全可靠运行。

导线按机械强度要求的最小截面列于表 4-7。

表 4-7　　绝缘导线芯的最小截面

用　　途	线芯的最小截面（mm²）		
	铜芯软线	铜线	铝线
照明用灯头引下线			
民用建筑、屋内	0.4	0.5	1.5
工业建筑、屋内	0.5	0.8	2.5
屋外	1.0	1.0	2.5
移动式用电设备			
生活用	0.2		
生产用	1.0		
架设在绝缘支持件上的绝缘导线，其支持点间距为			
1 m 以下，屋内		1.0	1.5
屋外		1.5	2.5
2 m 及以下，屋内		1.0	2.5
屋外		1.5	2.5
6 m 及以下		2.5	4.0
12 m 及以下		2.5	6.0
穿管敷设的绝缘导线	1.0	1.0	2.5

注　用吊链或管吊的屋内照明灯具，其灯头引下线为铜芯软线时，可适当减少截面。

根据设计经验，低压动力供电线路，因负荷电流较大，所以一般先按载流量（即发热温升条件）来选择导线截面，再校验电压损耗和机械强度。低压照明供电线路，因照明对电压水平要求较高，所以一般先按允许电压损耗来选择截面，然后校验其发热条件和机械强度。按以上经验进行选择，一般比较容易满足要求，较少返工。

关于机械强度，对于动力供电线路来讲，一般不详细计算，只按最小选取导线截面校验就行了。

4. 与线路保护设备相配合

为使线路能可靠工作，一般规定如下：

熔断器熔体的额定电流，不应大于电缆或穿管绝缘导线允许载流量的 2.5 倍，或明敷绝缘导线允许载流量的 1.5 倍。

在被保护线路末端发生单相接地短路（中性点直接接地网络）或两相短路时（中性点不接地网络），其短路电流对于熔断器不应小于其熔体额定电流的 4 倍；对于自动开关不应小于其瞬时或短延时过电流脱扣器整定电流的 1.5 倍。

长延时过电流脱扣器和瞬时或短延时过电流脱扣器的自动开关，其长延时过电流脱扣器的整定电流应根据返回电流确定，一般不大于绝缘导线、电缆允许载流量的 1.1 倍。

对于装有过负荷保护的配电线路，其绝缘导线、电缆的允许载流量，不应小于熔断器额定电流的 1.25 倍或自动开关长延时过电流脱扣器整定电流的 1.25 倍。

熔断器的熔体电流或自动开关过电流脱扣器整定电流，不小于被保护线路的负荷计算电流。同时应保证在出现正常的短时过负荷时（如线路中电动机、照明光源的起动或自起动等），保护装置不致使被保护线路断开。

5. 热稳定校验

由于电缆结构紧凑、散热条件差，为使其在短路电流通过时不至于由于导线温升超过允许值而损坏，还须校验其热稳定。

选择的导线、电缆截面必须同时满足上述各项要求，通常可先按允许载流量选择，然后再按其他条件校验，若不能满足要求，则应加大截面。

（二）零线（中性线）截面决定条件

（1）在单相及二相线路中，零线截面应与相线截面相同。

（2）在三相四线制供电系统中，如果负荷都是白炽灯或卤钨灯，而且三相负荷平衡时，干线的零线截面可按相线载流量的 50% 选择；如果全部或大部分为气体放电灯，则因供电线路中有三次谐波电流，零线截面应按最大一相的电流选择。在选用带中性线的四芯电缆时，则应使中性线截面满足载流量要求。

（3）照明分支线及截面为 4 mm² 及以下的干线，零线应与相线截面相同。

第三节　照明线路保护

当导线流过的电流过大时，由于导线温升过高，其绝缘将迅速老化并缩短使用期限。温升过高时，还可能引起着火，因此照明线路应具有过电流保护装置。照明线路的过电流保护装置一般采用熔断器或自动空气开关。这种保护装置在照明线路的电流超过整定值时，自动将被保护的线路切断。

引起线路过电流的原因主要是短路或过负荷。短路大多由线路的绝缘破坏引起，短路电流通常比负荷电流大许多倍。过负荷则主要是由于照明负荷的盲目增加而引起。

照明网络的保护一般分为短路保护和过负荷保护两种。所有照明线路均应有短路保护。下列场所的线路还应有过负荷保护：

（1）住宅、重要的仓库、公共建筑、商店、工业企业办公、生活用房、有火灾危险的房间及有爆炸危险的场所。

（2）当有延燃性外层的绝缘导线明敷在易燃体或难燃物的建筑结构上时。

户外照明线路不要求过负荷保护。

一、保护装置设置原则

（一）应安装保护装置的位置

（1）分配电箱和其它配电装置的出线处。

（2）由无人值班变电所供电的建筑物进线处（当建筑物进线由架空线支线接入，而架空线采用 20 A 及以下的保护设备保护时，其支线可不装保护装置）。

（3）220/12～36 V 变压器的高低压侧。

（4）线路截面减小的始端（当前段保护装置能保护截面减小的后段线路，或后段线路截面大于前段线路截面的一半时，允许不装设保护装置）。

有困难时，允许将保护装置安装在离线段连接处 3 m 以内的地方。在难以到达的位置，保护装置允许安装在 30 m 以内的地方。这样的非保护部分应当采用非延燃性护层的电缆或使用敷设在钢管内的导线。

在所有情况下，非保护部分的导线截面应当能通过支线的计算电流，并不得小于保护装置后面的导线截面。

零线上一般不装保护和断开设备，但在有爆炸危险场所的二线制单相网络中的相线及零线，均应装设短路保护，并使用双极开关同时切断相线和零线。

住宅和其他一般房间，电气设备系由无专门技能的人员维护，配电盘上的保护装置只应装在相线上。

三相三线、单相或直流双线网络中，中性线不接地，如果用自动开关作保护，允许将其安装在三相网络的两个相线和双线网络的一个相线上。

对于 12～36 V 网络，在其接地相上可不装保护装置。

在中性点直接接地的系统中，对两相和三相线路的保护一般采用单极保护装置——单极自动开关；只有要求同时切断所有相线或各极时，才使用双极和三极保护装置——双极、三极自动开关。

道路照明的各回路应有保护，每个灯具宜装设单独的熔断器保护。

二、保护装置选择

照明线路一般采用自动空气断路器（自动开关）或熔断器做保护装置。

（一）自动开关

照明用自动开关采用过载长延时、短路瞬时的保护特性。

（1）自动开关的额定电压必须大于（或等于）其安装回路的额定线电压，即 $U_e \geqslant U_1$。

（2）自动开关的额定电流应大于被保护线路的计算电流，并尽量接近线路计算电流，即 $I_e > I_{30}$。

（3）自动开关脱扣器的额定电流大于（或等于）线路计算电流，即 $I_{ed} \geqslant I_{30}$。

（4）自动开关脱扣器整定电流按下列公式确定

$$I_{dz1} \geqslant K_{k1} I_{30} \tag{4-12}$$

$$I_{dz0} \geqslant K_{k2} I_{30} \tag{4-13}$$

式中　I_{dz1}、I_{dz0}——长延时、瞬时脱扣器整定电流（A）；

　　　　I_{30}——照明线路的计算电流（A）；

　　K_{k1}、K_{k2}——长延时、瞬时脱扣器计算系数，大于1，具体数值取决于电光源的启动状况和自动开关特性，可查阅表4-8。

表 4-8　照明用自动开关脱扣器计算系数

自动开关	计算系数	白炽灯、荧光灯、卤钨灯	荧光高压汞灯	高压钠灯
带热脱扣器	K_{k1}	1	1.1	1
带复式脱扣器	K_{k2}	1	1	1

脱扣器额定电流与脱扣器整定电流之间关系可查自动开关的产品说明书。

（5）校验脱扣器整定电流的灵敏度。

$$\frac{I_{dmin}^{(1)}}{I_{dz}} \geqslant K_L^{(1)} \tag{4-14}$$

式中　$I_{dmin}^{(1)}$——被保护线路末端（灯具进线端）的单相接地短路电流（A）；

　　　　I_{dz}——自动开关瞬时脱扣器的整定电流（A）；

　　　　$K_L^{(1)}$——单相灵敏系数，对 DZ 型开关取 1.5，其它型开关取 2。

（6）校验自动开关的开断电流。对动作时间在 0.02 s 以上的自动开关（如 DW 型），必须满足

$$I_{co} > I_d \tag{4-15}$$

式中　I_{co}——自动开关的开断电流（周期分量有效值）（A）；

　　　　I_d——回路短路电流周期分量有效值（A）；

对动作时间在 0.02 s 以内的自动开关（如 DZ 型），必须满足

$$I_{co} > I_{ch} \tag{4-16}$$

式中　I_{co}——自动开关的开断电流（冲击电流有效值）（A）；

　　　　I_{ch}——短路开始第一周期内的全电流有效值（A）。

（二）熔断器

（1）熔断器额定电压必须大于（或等于）其安装回路的额定电压。

（2）熔体的额定电流必须大于回路的计算电流，且必须躲过电光源的起动电流。

$$I_{eR} \geqslant K_m I_{30} \tag{4-17}$$

式中　K_m——照明线路熔体计算系数，取决于电光源起动状况和熔断器特性，见有关设计手册，表4-9供参考。

熔断器熔管的额定电流（即整个熔断器的额定电流）可根据熔体的额定电流查有关产品说明书。

（3）校验熔断器开断电流。因为一般熔断器经受回路的冲击短路电流时在0.01 s熔断，故应满足下式

$$I_{co} > I_{ch} \tag{4-18}$$

式中　I_{co}——熔断器的开断电流（A）；

　　　I_{ch}——回路的冲击短路电流有效值（A）。

表 4-9　照明线路熔体选择计算系数 K_m 值

熔断器型　号	熔体材质	熔体额定电流（A）	K_m 值		
			白炽灯、荧光灯、卤钨灯、金属卤化物灯	高压汞灯	高压钠灯
RL1	铜、银	≤60	1	1.3～1.7	1.5
RC1A	铅、铜	≤60	1	1～1.5	1.1

（三）各级保护的配合

为了使故障限制在一定的范围内，各级保护装置之间必须能够配合，配合的措施如下：

（1）熔断器与熔断器间的配合。为了保证熔断器动作的选择性，一般要求上一级熔断电流比下一级熔断电流大二至三级。

（2）自动开关与自动开关之间的配合。要求上一级自动开关脱扣器的额定电流一定要大于下级自动开关脱扣器的额定电流；上一级自动开关脱扣瞬时动作的整定电流一定要大于下一级自动开关脱扣器瞬时动作的整定电流。

（3）熔断器与自动开关之间有配合。当上一级自动开关与下一级熔断器配合时，熔断器的熔断时间一定要小于自动开关脱扣器动作所要求的时间；当下一级自动开关与上一级熔断器配合时，自动开关脱扣器动作时间一定要小于熔断器的最小熔断时间。

（四）保护装置与导线允许载流量的配合

为在短路时，保护装置能对导线和电缆起保护作用，两者之间要有适当的配合。

第四节　线路的敷设

一、电线、电缆型式的选择

导线型式的选择主要考虑环境条件、运行电压、敷设方法和经济、可靠性方面的要求。

经济因素除考虑价格外，应当注意节约较短缺的材料，例如优先采用铝芯导线，以节约用铜；尽量采用塑料绝缘电线，以节省橡胶等。

（1）照明线路用的电线型式如下：

1）BBLX、BBX：棉纱编织橡皮绝缘铝芯、铜芯电线。

2）BLV、BV：塑料绝缘铝芯、铜芯电线。

3）BLVV、BVV：塑料绝缘塑料护套铝芯、铜芯电线（单芯及多芯）。

4）BLXF、BXF、BLXY、BXY：橡皮绝缘、氯丁橡胶护套或聚乙烯护套铝芯、铜芯电线。

（2）照明线路用的电缆如下：

表 4-10

按环境条件选择常用导线型号及敷设方法

导线型号	敷设方法	房间或场所的性质					火灾危险			爆炸危险					屋外沿墙
		干燥	潮湿	腐蚀	多尘	高温	H-1	H-2	H-3	Q-1	Q-2	Q-3	Q-4	Q-5	
BLVV	直敷布线（铅皮卡子固定）	○	-	-	-	-									-
BLVV	直敷布线（塑料）夹子固定	○	+	+	○	-	+⑤		+⑤						-
BLV、BLX	瓷（塑料）夹子布线	○	-	-	-	-									+
BLX、BLV（BLXF、BLV-105）①	鼓形绝缘子布线	○	+	-	+	○	+⑤		+⑤						○
BLX、BLV（BLXF、BLV-105）①	针式绝缘子布线	+	○	+④	○	○	+⑤		+⑤						+
BLX（BX）②	钢管明布线	+	+	+④	○	○	○	○	○	○	○	○	○	○	+
BLX（BX）②	钢管暗布线	+	○	+④	○	○	○	○	○	+	-	+	-	+	
BLX	电线管明布线	+					+	+	-						+
BLX、BLV（BX、BV）②	硬塑料管明布线	+	○	○	○		+	+	+						
BLX、BLV（BY、BV）②	硬塑料管暗布线	+	+	+	+		+								+
BLVV	板孔暗布线	+			+		+								
VLV、XLV（VV₂₉、XV₂₉）③	电线明敷	○	+	+	+		+	+	+	+	+	+	+	+	-
BLX、BLV	半硬塑料管暗布线	+	+	+	+		+								
YJV、ZLQ、ZLL	电缆放在沟中														-

注："○" 推荐采用；"+" 可采用，"-" 不宜采用，"-" 不允许采用；"空白" 不允许采用。
① 高温场所采用 BAL-105 型、屋外采用 BLXF 型，其余场所均采用 BLX、BLV 型。
② 只有在 Q-1 级及 G-1 级高腐蚀的场所才采用 BX 及 LV 型。
③ 只有在 Q-1 级、G-1 级场所均采用 VV 29 或 XV 29 型铠装电缆。
④ 所有镀锌钢管及支架均应作防腐处理。
⑤ 线路应远离可燃物，不允许敷设在未抹灰的易燃顶棚、板壁上，以及可燃液体管道的栈桥上。

1）VLV、VV：聚氯乙烯绝缘、聚氯乙烯护套铝芯、铜芯电力电缆又称全塑电缆。

2）YJLV、YJV：交联聚乙烯绝缘聚乙烯护套铝芯、铜芯电力电缆。

3）XLV、XV：橡皮绝缘聚氯乙烯护套铝芯、铜芯电力电缆。

4）ZLL、ZL：油浸纸绝缘铅包铝芯、铜芯电力电缆。

电缆型号后面还有下标，表示其铠装层的情况，例如 VV 20 表示聚氯乙烯绝缘聚氯乙烯护套内钢带铠装电力电缆。埋在地下，能承受机械外力作用，但不能承受大的拉力。

在选择导线、电缆时一般采用铝芯线，但在有爆炸危险的场所、有急剧振动的场所及移动式照明器的供电应采用铜芯导线。

（3）根据环境条件选择。常用电线、电缆型号及敷设方法按环境条件、使用场所的不同可以有多种选择，可参见表 4-10。

二、绝缘导线、电缆敷设

通常对导线型式和敷设方式的选择是一起考虑的。导线敷设方式的选择主要考虑安全、经济和适当的美观，并取决于环境条件。

在屋内，导线的敷设方式最常见的方式为明敷、穿管和暗敷三种。

（一）绝缘导线、电缆明敷

明敷方式是除导线本身的结构外，对导线的外表无附加保护。明敷有以下几种方法：

（1）导线架设于绝缘支柱（绝缘子、瓷珠或线夹）上，见图 4-17（a）、（b）。

（2）导线直接沿墙、天棚等建筑物结构敷设（用卡钉固定，仅限于有护套的电线或电缆，如 BLVV 型电线），称为直敷布线或线卡布线，见图 4-17（c）。

绝缘导线支持物的选择如下：

（1）单股导线截面上在 4 mm^2 及以下者，可采用瓷夹、塑料夹固定；

（2）导线截面在 10 mm^2 及以下者，可采用鼓形绝缘子固定；

（3）多股导线截面在 16 mm^2 及以下者，宜采用针式绝缘子或蝶式绝缘子固定。

绝缘导线在户内水平敷设时，离地面高度不小于 2.5 m。垂直敷设时为 1.8 m。在户外水平及垂直敷设时均不小于 2.7 m。户内外布线时，绝缘导线之间的最小距离如表 4-11（不包括户外杆塔及地下电缆线路）。绝缘导线室内固定点之间的最大间距，视导线敷设方式和截面大小而定，一般按表 4-12 决定。绝缘导线至建筑物的最小间距如表 4-13 所示。

表 4-11　　绝缘导线间的最小距离

固定点间距（m）	导线最小间距（mm）		固定点间距（m）	导线最小间距（mm）	
	屋内布线	屋外布线		屋内布线	屋外布线
1.5 及以下	35	100	3.1～6	70	100
1.6～3	50	100	大于 6	100	150

塑料护套线用线卡布线时，应注意其弯曲半径应不小于该导线外径的 3 倍。线路应紧贴建筑物表面，导线应平直，不应有松弛、扭绞和曲折的现象。在线路终端、转弯中点两侧，以及距电气器件（如接线盒）边缘 50～100 mm 处，均应有线卡固定。塑料护套线的连接处应加接线盒。

塑料护套线与接地导体及不发热的管道紧贴交叉时，应加绝缘管保护。若敷设在易受机械损伤的场所，应加钢管保护。与热力管道交叉时，应采取隔热措施。

采用铅皮护套线时，外皮及金属接线盒均应接地。

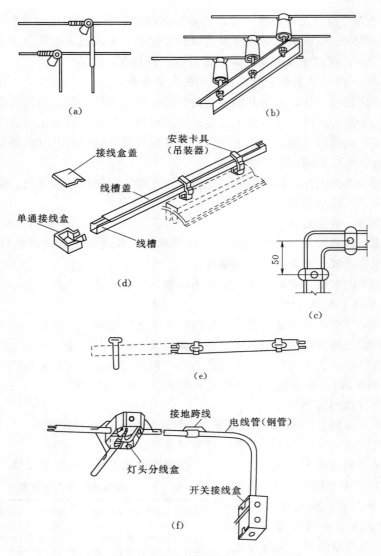

图 4-17　照明线路的各种敷设方式示意图

（a）瓷珠布线；（b）瓷瓶布线；（c）瓷夹布线；（d）线槽布线；（e）铅卡片布线；（f）电线管敷设

表 4-12	绝缘导线的最大固定间距	
敷 设 方 式	导线截面（mm²）	最大间距（mm）
瓷（塑料）夹布线	1～4	600
	6～10	800
鼓形（针式）绝缘子布线	1～4	1500
	6～10	2000
	10～25	3000
直 敷 布 线	≤6	200

表 4-13	绝缘导线至建筑物的最小间距
布 线 方 式	最小间距（mm）
水平敷设的垂直间距	
在阳台上、平台上和跨越建筑物屋顶	2500
在窗户上	300
在窗户下	800
垂直敷设时至阳台、窗户的水平间距	600
导线至墙壁和构架的间距（挑檐下除外）	35

绝缘导线经过建筑物的伸缩缝及沉降缝处时，应在跨越处的两侧将导线固定，并应留有适当余量。穿楼板时应用钢管保护。

电缆明敷一般可利用支架、抱箍或塑料袋沿墙、沿梁水平和垂直固定敷设，或用钩子沿墙（沿钢索）水平悬挂。室内明敷时，不应有黄麻或其他可延燃的外表层，距地面的距离与绝缘导线明敷的要求相同，否则应有防机械损伤的措施。为不使电缆损坏，电缆敷设时最小弯曲半径如下：塑料、橡皮电缆（单芯及多芯）为 10D（交联聚乙烯电缆为 15D），油浸纸绝缘电缆（多芯）为 15（D＋d），其中 D 为电缆护套外径，d 为电缆导体外径。

（二）绝缘导线及电缆穿管敷设

穿管线路是要用水、煤气钢管、电线管及硬质塑料管，将导线、电缆穿管后敷设于墙壁、顶棚的表面及桁架、支架等处。

管子的弯曲半径应不小于钢管外径的 4 倍。当管路超过 45 m 时应加装一个接线盒；当两个接线盒之间有一个弯时，30 m 内装一个接线盒；两个弯时，20 m 内装一个接线盒；三个弯则为 12 m；弯曲的角度一般指 90°～105°，每两个 120°～150°的弯相当于一个 90°～105°的弯，长度超过上述要求时，应加装接线盒或放大一级管径。明敷管线固定点间的最大间距见表 4-14。

不同电压、不同回路、不同电流种类的供电线路，或非同一控制对象的线路、不得穿于同一管子内；互为备用的线路也不得共管。但电压为 65 V 及以下的回路、同一设备的电力线路和无抗干扰要求的控制线路、照明花灯的所有回路以及同类照明的几个回路等可穿同一根管。但管内绝缘导线不得多于 8 根。

表 4-14　明敷管线固定点间最大间距（m）

管　　类	标　称　管　径　（mm）				
	15～20	25～32	40	50	63～100
水煤气钢管	1.5	2	2	2.5	3.5
电线管	1	1.5	2		
塑料管	1	1.5	1.5	2	2

注　钢管和塑料管的管径指内径，电线管的管径指外径。

穿管敷设的绝缘导线绝缘电压等级不应小于交流 500 V，穿管导线的总截面积（包括外护套）不应大于管内净面积的 40%。

电缆穿管时，管内径不应小于电缆外径的 1.5 倍。常用的单芯绝缘导线穿管管径选择示于表 4-15。

明敷的管线与其他管道（煤气管、水管等）之间应保持一定距离，其数值可查阅表4-16。

管线通过建筑物的伸缩沉降缝时，需按不同的伸缩沉降方式装设相适应的伸缩装置。

（三）绝缘导线及电缆暗敷

绝缘导线及电缆穿管敷设于墙壁、顶棚、地坪及楼板等处的内部，或在混凝土板孔内敷线称为暗敷。暗敷线缆可以保持建筑内表面整齐美观、方便施工、节约线材。当建筑采用现场混凝土捣制方式时，电气安装工应及时配合，交管子及接线盒等预先埋设在有关的构件中。暗管一般敷设在捣制的地坪、楼板、柱子、过梁等表层下或预制楼板以及板缝中和砖墙内，然后抹灰加粉刷层加以遮蔽，或外加装饰性材料予以隐蔽。在管子出现交叉的情况下，还应适当加厚粉刷层，厚度应大于两管外径之和，且要有裕度。

绝缘导线或电缆进出建筑物、穿越建筑或设备基础、进出地沟和穿越楼板，也必须通

表 4-15　　　　　　　　　　单芯橡皮、塑料绝缘导线穿管管径表

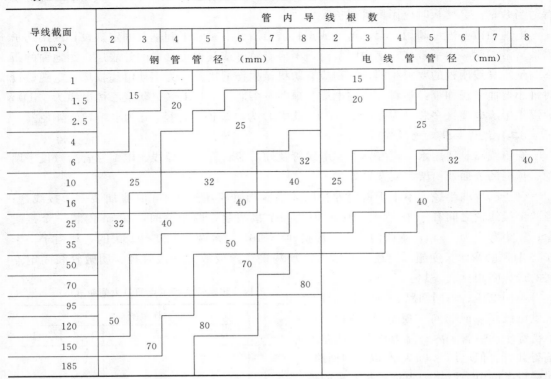

导线截面 (mm²)	管 内 导 线 根 数														
	2	3	4	5	6	7	8	2	3	4	5	6	7	8	
	钢 管 管 径　（mm)							电 线 管 管 径　（mm)							
1								15							
1.5	15		20					20							
2.5			25						25						
4															
6					32						32			40	
10	25		32		40			25			40				
16			40						40						
25	32	40													
35			50												
50			70												
70			80												
95															
120	50		80												
150	70														
185															

表 4-16　　　　　　　　屋内电气管线和电缆与其他管道之间的最小净距（m)

敷设方式	管线及设备名称	管线	电缆	绝缘导线	裸导（母）线	滑触线	插接式母线	配电设备
平行	煤气管	0.1	0.5	1.0	1.5	1.5	1.5	1.5
	乙炔管	0.1	1.0	1.0	2.0	3.0	3.0	3.0
	氧气管	0.1	0.5	0.5	1.5	1.5	1.5	1.5
	蒸汽管	1.0/0.5	1.0/0.5	1.0/0.5	1.5	1.5	1.0/0.5	0.5
	热水管	0.3/0.2	0.5	0.3/0.2	1.5	1.5	0.3/0.2	0.1
	通风管		0.5	0.1	1.5	1.5	0.1	0.1
	上下水管	0.1	0.5	0.1	1.5	1.5	0.1	0.1
	压缩空气管		0.5	0.1	1.5	1.5	0.1	0.1
	工艺设备				1.5	1.5		
交叉	煤气管	0.1	0.3	0.3	0.5	0.5	0.5	
	乙炔管	0.1	0.5	0.5	0.5	0.5	0.5	
	氧气管	0.1	0.3	0.3	0.5	0.5	0.5	
	蒸汽管	0.3	0.3	0.3	0.5	0.5	0.3	
	热水管	0.1	0.1	0.1	0.5	0.5	0.1	
	通风管		0.1	0.1	0.5	0.5	0.1	
	上下水管		0.1	0.1	0.5	0.5	0.1	
	压缩空气管		0.1	0.1	0.5	0.5	0.1	
	工艺设备				1.5	1.5		

注　1. 表中的分数，分子数字为线路在管道上面时，分母数字为线路在管道下面时的最小净距。
　　2. 电气管线与蒸汽管不能保持表中距离时，可在蒸汽管与电气管线之间加隔热层，这样平行净距可减至 0.2 m，
　　　交叉处只考虑施工维修方便。
　　3. 电气管线与热水管不能保持表中距离时，可在热水管外包隔热层。
　　4. 裸母线与其他管道交叉不能保持表中距离时，应在交叉处的裸母线外面加装保护网或罩。

过预埋的钢管。导线敷设于吊平顶或天棚内也必须穿管，防止因绝缘遭到鼠害等破坏而导致火灾等事故。电缆可敷设于地沟中，便要防止电缆沟积水，一般采用有护套的电缆，不需穿管。

暗敷的管子可采用金属管或硬塑料管。穿管暗敷时应沿最近的路径敷设，并应尽量减少弯曲，其弯曲半径应不小于管外径的 10 倍。

槽板（塑料槽板、木槽板）布线，只适用于干燥的户内，目前已很少采用。

易爆、易燃、易遭腐蚀的场所布线还应根据其环境特点处理好管子的连接、接线盒、电缆中间接线盒、分支盒等，以防火花引起爆炸；故障时导线或电缆护层的延燃或遭受腐蚀等。应符合有关规程（规范）的规定。

根据环境条件选择导线型号及敷设方式可参见表 4-9。

第五节　动力与照明装置的接地

一、接地的基本概念

（一）工作接地保护接地和重复接地

电气设备的某部分与大地之间作良好的电气连接，称为接地。

1. 工作接地

为保护电力设备达到正常工作要求的接地。如图 4-18（a）所示的电源中性点直接接地的电力系统中，变压器或发电机中性点接地。

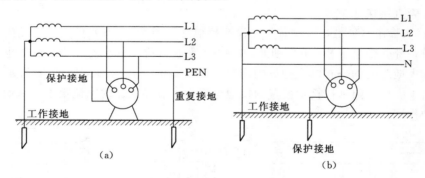

图 4-18　电气设备的接地

2. 保护接地

为保护人身安全，防止间接触电，如图 4-17（b）所示，将设备的外露可导电部分进行的接地。保护接地形式有两种：一种是设备的外落可导电部分经各自的接地保护线分别直接接地；另一种是设备的外露可导电部分经公共的保护线接地。

3. 重复接地

如图 4-18 所示，在中性点直接接地系统中，为确保保护线安全可靠，除在变压器或发电机中性点处进行工作接地外，还在保护线其它地方进行的接地。

（二）安全电流和安全电压

触电又称电击，它导致心室纤颤而使人死亡，试验表明，当通过人体的工频电流超过

50 mA 时，对人有致命的危险。在正常环境下，人体的平均总阻抗在 1000 Ω 以上，在潮湿环境中，则在 1000 Ω 以下。

我国规定的安全电压为：在没有高度危险的场所为 65 V；在高度危险的场所为 36 V；在特别危险的场所为 12 V。

（三）国际电工委员会（IEC）对系统接地的文字代号规定

第一个字母表示电力系统的对地关系：

T——一点直接接地；

I——所有带电部分与地绝缘，或一点经阻抗接地。

第二个字母表示装置的外露可导电部分的对地关系：

T——外露可导电部分对地直接电气连接，与电力系统的任何接地点无关；

N——外露可导电部分与电力系统的接地点直接电气连接（在交流系统中，接地点一般就是中性点）。

后面还有字母时，表示中性线与保护线的组合：

S——中性线和保护线是分开的；

C——中性线和保护线是合一的。

二、接地保护与接零保护的几种接线方式

低压配电系统按保护接地的形式不同分为：IT 系统、TT 系统和 TN 系统。

（一）IT 系统

如图 4-19（a）所示，IT 系统的电源中性点是对地绝缘的或经高阻抗接地，而用电设备的金属外壳直接接地。

IT 系统该工作原理是，若设备外壳没有接地，如图 4-19（b）所示，在发生单相碰壳故障时，设备外壳带上了相电压，此时如果有人触摸外壳，就会有相当危险的电流流经人身与电网和大地之间的分布电容构成的回路。而设备的外壳如图 4-18（c）所示有了保护接地后，由于人体电阻远比接地装置的接地电阻大，流经人体的电流很小，从而对人身安全起了保护作用。

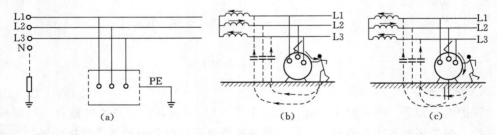

图 4-19 IT 系统

（a）系统示意图；（b）没有保护接地发生单相碰壳时；（c）有保护接地发生单相碰壳时

IT 系统适用于环境条件不良，易发生单相接地故障的场所，以及易燃、易爆的场所。

（二）TT 系统

TT 系统如图 4-20 所示，系统的电源中性点直接接地；用电设备的金属外壳亦直接接地，与电源中性点的接地无关。图中 PE 为保护接地。

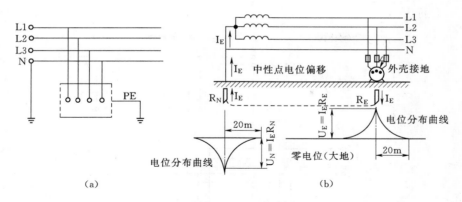

图 4-20 TT 系统

(a) 系统示意图；(b) 发生单相碰壳时的电位分布情况示意图

TT 系统的工作原理是，当发生单相碰壳故障时，接地电流经保护接地的接地装置和电源的工作接地装置所构成的回路流过。此时如果有人触摸带电的外壳，因保护接地装置的电阻远小于人体的电阻，大部分接地电流被接地装置分流，从而对人身起保护作用。

但 TT 系统在确保安全用电方面还存在下面两个主要问题：

（1）在电气设备发生单相碰壳故障时，接地电流并不很大，往往不能使接地保护装置动作，这导致线路长期带故障运行。

在图 4-20（b）中，若工作接地电阻 R_N 和保护接地的电阻 R_E 均为 4 Ω，在发生单相碰壳时，接地电流 I_E 为

$$I_E = \frac{220}{R_N + R_E} = 27.5(A)$$

这个数值的接地电流不足以使额定电流大于 6 A 的熔丝熔断，或使瞬时脱扣器整定电流大于 18 A 的自动开关跳闸，致使线路长期带故障运行，此时故障设备外壳的电压 U_E 可达到 110 V（$U_E = I_E R_E$）。同时，由于电流中性点的电位发生偏移，使非故障相的电压高于 220 V，这对人身安全和设备正常运行都是不利的。

（2）当用电设备只是由于绝缘不良引起漏电时，因漏电电流往往只有毫安级，不可能使线路的保护装置动作，这也导致漏电设备的长期带电，增加了人身触电的危险。

因此，TT 系统应加装漏电保护（残余电流保护）装置通过残余电流。正常工作时，残余电流值为零；当设备绝缘损坏或人接触到带电体时，呈现残余电流。这样才能成为完善的保护系统。目前，TT 系统广泛应用于城镇、居民区、工业企业和公用变压器供电的民用建筑中。

（三）TN 系统

在变压器或发电机中性点直接接地的 380/220 V 三相四线低压电网中，将正常运行时不带电的用电设备的金属外壳经公共的保护线与电源的中性点直接电气相连。

TN 系统的工作原理如图 4-21（a）所示。当电气设备发生单相碰壳时，故障电流经设备的金属外壳形成相线对保护线的单相短路，这样将产生较大的短路电流，使线路上的保护装置立即动作，迅速切除故障，保护人身安全和设备安全及其它线路、设

备的正常运行。

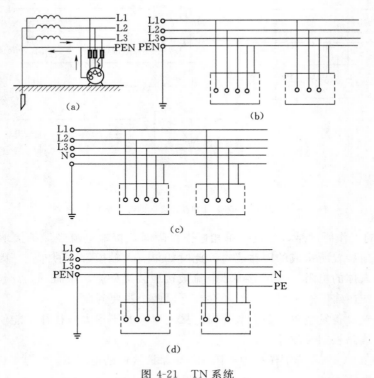

图 4-21　TN 系统

(a) TN 系统的工作原理；(b) TN—C 系统；(c) TN—S 系统；(d) TN—C—S 系统

TN 系统的电源中性点直接接地，并有中性线引出。按其保护线的形式，可分为以下三种。

(1) TN—C 系统（三相四线制）。如图 4-21（b）所示，整个系统的中性线（N）和保护线（PE）是合一的，该线又称为保护中性线（PEN）。优点是节省了一条导线，但在三相负载不平衡或保护中性线段，开始会使所有用电设备的金属外壳都带上危险电压。在一般情况下，如果扩充装置和导线选择适当，TN—C 系统可以满足要求。

(2) TN—S 系统（三相五线制）。如图 4-21（c）所示，整个系统的 N 线和 PE 线是分开的。优点是 PE 线在正常情况下没有电流通过，不会对接在 PE 线上的其它设备产生电磁干扰。由于 N 线和 PE 线分开，N 线断线也不会影响 PE 线的保护作用。缺点投资大，耗材多。

(3) TN—C—S 系统（三相四线与三相五线混合系统）。如图 4-21（d）所示，系统中有一部分中性线和保护线是合一的；有一部分是分开的。它兼有 TN—C 系统和 TN—S 系统的特点。

以上三种系统中，为确保 PE 线或 PEN 线安全可靠，除在电源中性点进行工作接地外，对 PE 线和 PEN 线需进行必要的重复接地，而且线上还不允许装设熔断器和开关。

在同一供电系统中，不能同时采用 TT 系统和 TN 系统保护。如图 4-22 所示，在采用 TT 系统保护的设备发生碰壳时，接地电流经接地电阻形成回路。若接地电流较小，保护装置没有动作，这将使 N 线的电位升高为 $U_N = I_E R_N$。则采用 TN 系统保护的设备金属

外壳都带上了电压 U_N，接触这些设备的人就会有触电的危险。

三、灯具接零的三种情况

（1）当接灯线使用明敷无保护绝缘时，接地线如图 4-23（a）所示，应从灯具最近的固定支座或接线盒处引出。

（2）在无爆炸危险的房间中，当采用电缆或穿管导线接到照明灯具时，零线如图 4-23（b）所示在灯具内方式连接。

（3）如果灯具用插座配电，则按图 4-22（c）所示，接地线接在插座上。

每个灯具的外壳都应以单独的接地支线与

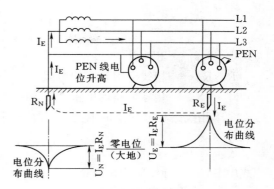

图 4-22　同时采用 TT 系统和
TN 系统的危险情况

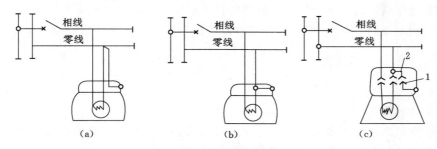

图 4-23　灯具的接零情况

（a）用明敷绝缘导线接到灯具；（b）使用电缆或穿管导线接到灯具；（c）同（b）但灯具有内装插座
1—插座；2—安装灯具的接零

接地干线相连，不得将几个灯具的外壳用接地支线串连。避免在首端灯具外壳的接地支线折断或发生其他故障时，后面的灯具均失去保护作用，造成触电事故。

正常时以交流电源供电而在事故时以直流操作电源供电的应急照明线路，不允许利用其中性线来作接零线，应急灯具及设备应采用单独的接零线与附近照明线路的中性线连接。

当中性线被利用作接零时，中性线的末端应重复接地。为此，中性线的末端可与不同配电箱或不同分支线的中性线相连或与其他接地体连接。在配电箱处，中性线应与配电箱一起与接地网连接。

在用作接零的中性线上不允许装设熔丝和开关。但允许安装能同时将相线和中性线断开的开关。如中性线被别的回路和设备用作接零时（如应急灯具接零），仍不允许装设断开中性线的开关设备。

在中性点直接接地的电气装置中，为了保证自动切断故障段，接地导体应这样选择：当相线和接地导体间短路（单相短路）时，无论它是发生在网络的哪一点，所产生的短路电流至少应超过附近熔丝额定电流的 4 倍，或该线路自动空气开关过电流自动脱扣器整定电流的 1.5 倍。对于有爆炸危险的厂房和屋外装置，上述短路电流倍数应更大一些。

在单相照明分支线路中，可以不考虑变压器的阻抗，单相短路电流按下式计算

$$I_d^{(1)} = \frac{U_P}{\sqrt{(R + R_0)^2 + X^2}} \quad\quad (4\text{-}19)$$

式中 U_P——相电压；

   R、R_0——相线电阻和零线电阻；

     X——相零回路的电抗。

   单相线路相零回路的电抗 X 按下式计算

$$X = 0.289 \lg \frac{L}{r} + 0.0314 \mu \quad\quad (4\text{-}20)$$

式中 L——导线间距离（mm）；

   r——导线半径（mm）；

   μ——导线相对导磁率（H/m）。

在同一电路中不宜将一部分设备接地，而另一部分设备接零，因为在这种方式中，当接地的设备绝缘破坏时，一般接地电流不能使保护熔丝熔断，此时零线对地电压升高（严重时可达到相电压的一半），使所有与接零设备接触的人都有触电的危险。

第六节   电 气 照 明 设 计

一、设计的原则

设计应符合现行的国家标准和设计规范，对某些行业、部门和地区的设计任务，还应遵循该行业、部门和地区的有关规程和规定。

设计要结合我国的国情，积极、稳妥地采用新技术，推广应用安全可靠、节约能源、经济适用的新产品、新材料；正确掌握设计标准，提高社会效益和经济效益。设计图纸要清晰，文件要准确。

二、设计阶段

电气照明设计一般分为两个阶段进行：初步设计和施工图设计。

（一）初步设计阶段

（1）初步设计的深度要满足下列要求：

1）综合各项原始资料经过比选，确定电源、照度、布灯方案、配电方式等初步设计方案，作为编制施工图设计的依据。

2）确定主要设备及材料规格和数量作为订货的依据。

3）确定工程造价，据此控制工程投资。

4）提出与其他工种的设计及概算有关系的技术要求（简单工程不需要），作为其他有关工程编制施工图设计的依据。

（2）说明书内容如下：

1）照明电源、电压、容量、照度选择及配电系统型式的确定原则。

2）光源与灯具的选择。

3）导线的选择及线路控制方式的确定。

4）工作、应急、检修照明控制原则、应急照明电源切换方式的确定。

（3）图纸应表达的内容、深度（一般工程绘草图、复杂工程可出系统图或平面图）如下：

1）照明干线、配电箱、灯具、开关平面布置，并注明房间名称和照度。

2）由配电箱引至各灯具和开关的支线，仅画标准房间，多层建筑仅画标准层。

3）图纸目录：在图纸目录上列出图纸名称、图别、图号、规格和数量。

（4）计算书。照度计算、保护配合计算，线路电压损失计算等。

（5）主要设备材料表。统计出整个工程的一、二类机电产品（灯具、导线、电缆、配电箱、开关、插座、管材等）和非标设备的数量及主要材料。

在这里要特别提请注意，在一项电气设计工程中，电气照明设计仅是其中一部分。在设计说明书中还包括有电力设计、电气信号与自动控制、防雷保护等内容。本课程只介绍有关电气照明部分。其它部分可参阅《工厂供电》课程的内容。

（二）施工图设计

1．施工图设计深度的要求

（1）据此编制施工图预算。

（2）据此安排设备材料和非标准设备的订货或加工。

（3）据此进行施工和安装。

2．图纸应表达的内容与深度

（1）照明平面图如下：①配电箱、灯具、开关、插座、线路等平面布置。②线路走向、引入线规格、有功计算容量、电能计算方法。③复杂工程的照明，需绘局部平剖面图；多层建筑可绘出标准层照明平面图。④图纸说明：电源电压、引入方式，导线选型和敷设方式，设备安装高度，接地或接零，设备、材料表。

（2）照明系统图（简单工程不出图）。用单线图绘制、标出配电箱、开关、熔断器、导线型号规格、保护管径和敷设方法，用电设备名称等。

（3）照明控制图。包括照明控制原理图和特殊照明装置图。

（4）照明安装图。灯具及线路安装图（尽量选用标准图，一般不出图）。

说明书、图纸的内容、深度等根据各工程的特点和实际情况会有所增减，但一般对上述每个阶段设计深度的要求希望能达到。

三、电气图绘制要求

图纸的绘制应按国家现行的制图标准执行。现行标准有：《电气图用图形符号》GB4728－85 和《电气制图》GB6988－86。

照明设计中常用的图形符号可参见表 4-17。

GB6988－86 中规定：如果采用 BG4728 标准中未规定的图形符号时，必须加以说明。

四、住宅电气照明设计举例

现已某六层住宅楼为例来说明电气照明施工图设计的要点。

（一）工程概况

本住宅楼为砖混结构，地上六层，地下一层。全楼共五个单元、一梯三户。每户有阳台一个，伸缩缝设在 16 轴与 17 轴之间。

设计内容主要是电气照明设计。由于五个单元在各层均为同样的结构与希置，所以电气施工图只绘出一个单元的标准层单面图。但一层的楼梯间与标准层的不一样，所以另外给出一层楼梯间单元的电气平面布置图。

（二）图纸目录

表 4-17 　　　　　　　　　　　　　　　常用的电气图形符号

图例	名　称	图例	名　称	图例	名　称	图例	名　称
	弯灯		单相插座		接地或接零线路	线路标注法 $d(e\times f)-g-h$	
	广照型灯(配照型灯)		暗装		导线相交或分支	d	导线型号
	深照型灯		密闭(防水)插座		不相交的导线	e	导线根数
	局部照明灯		防爆		接地装置	f	导线截面 mm^2
	矿山灯		带接地插孔的单相插座	灯具标注法 $a-b\dfrac{c\times d\times L}{e}f$		g	线路敷设方式及管径
	乳白玻璃球型灯		暗装	a	灯具数量	h	线路敷设的部位
	防水防尘灯		密闭(防水)	b	灯具型号或符号	线路敷设方式	
	花灯		防爆	c	每盏灯具的光源数	M	明设
	壁灯		带接地插孔的三相插座	d	光源的容量(W)	A	暗设
	防爆灯		带熔断器的插座	e	悬挂高度(m)	S	钢索敷设
	安全灯	10/6	自动空气断路器额定电流 断路器 脱扣器额定电流	f	吊装方式	CP	瓷瓶或瓷珠敷设
	天棚灯	15/10	熔断器 熔断器额定电流 熔丝额定电流	L	光源种类	CJ	瓷夹或瓷卡敷设
	荧光灯			灯具吊装方式		QD	铝片卡钉敷设
	三管荧光灯		双极刀 闸开关 多线表示	D	吸顶安装或直付安装	CB	槽板敷设
×	瓷质座式灯头		单线表示	B	壁式安装	DG	电线管敷设
	各种灯具的一般符号		三极刀 闸开关 多线表示	X	吊线式安装	G	钢管敷设
	轴流式排风扇			L	吊链式安装	立管	
	吊式风扇		单线表示	G	管吊式安装	线路敷设部位	
kWh	电度表		管线由上引来,管线引上	T	台上安装	L	沿(跨)屋架
(30)	设计照度30lx		管线由下引来,管线引下	X	自在器线吊式	Z	沿(跨)柱
	单极拉线开关		管线由上引来并引下	R	嵌入式安装	Q	沿墙
	单极双控拉线开关		管线由下引来并引上		室内分线盒	P	沿顶棚或屋面
	单极开关	P1 XRM	配电盘 编号 型号		室外分线盒	D	沿地板或埋地
	单极暗装开关				自动开关箱	DL	沿吊车梁
	单极密闭(防水)开关	→	进户线			相序标注	
	单极防爆开关				刀开关箱	L_1	A 相
	双极开关	——	交流线路 500 V 以下			L_2	B 相
	双极暗装开关		除注明者外,铝线为 2.5 mm^2 截面;铜线为 1.0 mm^2 截面		组合开关箱	L_3	C 相
	双极密闭(防水)开关					1. 三相支线在灯具旁标明所接相序	
	双极防爆开关				电流互感器	2. 单极支线在支线旁标明相序	
	单极延时开关	——	36伏以下交流线路				
	双控开关(单极三线)	-----	直流线路应急照明线				

102

图纸目录见表 4-18。

（三）设计说明

（1）电源电压为 380/220 V 三相五线制供电，各单元额定工作电压为 220 V。进户线设在 B 轴处，进户线标高为 2.7 m。

（2）进户线采用 BLX 型铝芯橡皮绝缘线。进户线架空引下，然后沿墙穿钢管引入户内。进户线、干线穿钢管暗敷设，户内分支线穿硬塑料管暗敷。

（3）配电箱底边离地高度为 1.5 m，插座离地高度为 1.8 m，拉线开关离地高度为 2.0 m，搬把开关离地高度为 1.4 m，其余电气设备的安装高度见施工图。

（4）本工程采用 TN—S 系统。

（四）施工图纸

施工图纸见图 4-24～图 4-27。

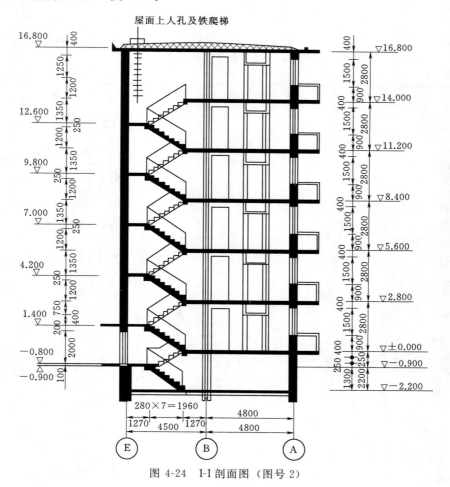

图 4-24　Ⅰ-Ⅰ剖面图（图号 2）

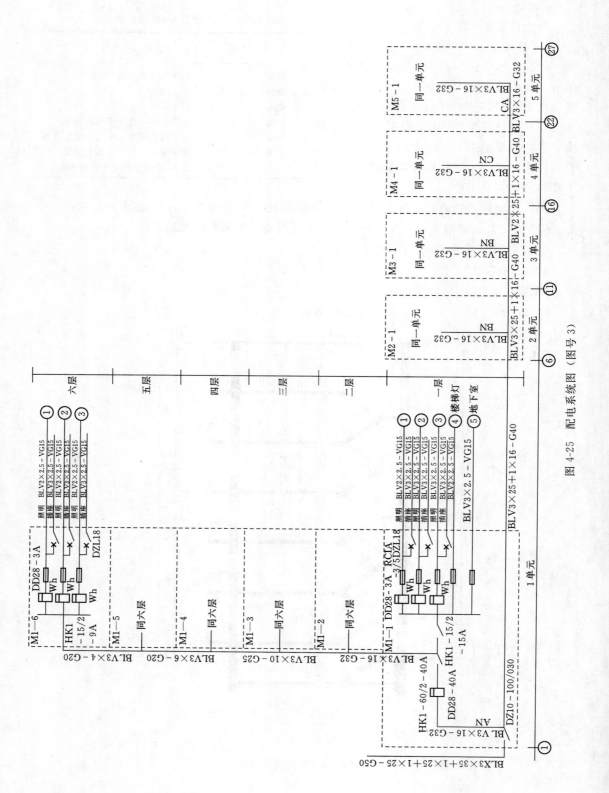

图 4-25　配电系统图（图号 3）

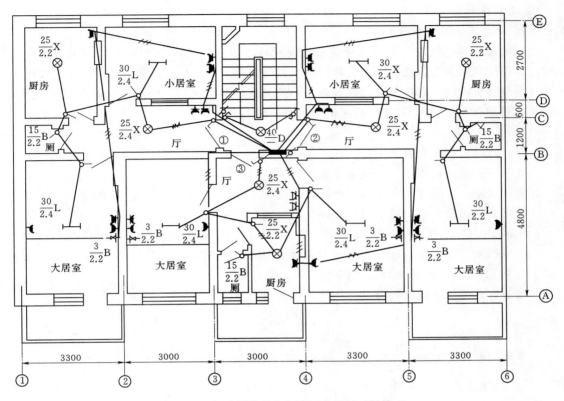

图 4-26 标准层单元电气平面布置图（图号 4）

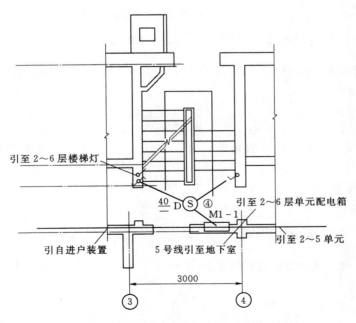

图 4-27 一层楼梯间单元电气布置平面图（图号 5）

（五）设计计算书

1. 设计依据

照明设计和电气设计均按《建筑电气设计技术规程》（JGJ16—83）的有关规定。照度计算采用利用系数方法。施工大样图由《电气安装工程图集》选取。工程施工验收标准按《电气装置安装工程施工及验收规范》（GBJ232—28）执行。电源引自该单位配电所，电压允许偏移为±5%，三相负荷平衡由该单位统一考虑安排。

2. 照明设计

（1）灯具选择及布置如下：

地下室：采用白炽灯、吸顶座灯头，安装于房间中央。

房间居室：采用 YG2—1 型荧光灯，悬挂高度为 2.4 m，夜间灯为 3 W 节能灯。

厕所：采用白炽灯，墙上安装座灯头，安装高度为 2.2 m。

小客厅：厨房、楼梯间：采用白炽灯、平盆罩线吊，悬挂高度为 2.2 m，安装位置均在中央。

（2）照度计算。按《建筑电气设计技术规程》的规定，照度标准分别为：房间居室 30 lx、厨房 15 lx、厕所 15 lx、地下室 5 lx。

每个灯具光源的光通量为

$$\Phi = \frac{E_{min} Z A}{n u K}$$

平均照度均匀度 $Z = \frac{E_{min}}{E_{av}}$，即 $E_{av} = E_{min} Z$。

1）住房大居室。其中：$E_{min} = 30$ lx；$K = 0.75$；$Z = 1$；$A = 3.06 \times 4.56 = 13.95$（$m^2$）；$n = 1$。

计算高度 $\qquad h = 2.4 - 0.8 = 1.6$（m）

室空间比 $\qquad RCR = \frac{h(a+b)}{ab} = \frac{1.6 \times (3.06 + 4.65)}{13.95} = 1.15$

按顶棚、墙面和地面的反射系数分别为 70%、50%、20%，查设计手册或表 2-19 得利用系数 u=0.83，则

$$\Phi = \frac{E_{min} Z A}{n u K} = \frac{30 \times 1 \times 13.9}{1 \times 0.83 \times 0.75} = 672（lm）$$

查表 2-8 得 30 W 荧光灯管的光通量为 1165 lm，所以大小居室均选用 30 W 灯管的 YG2—1 型荧光灯。

2）厨房。其中：$E_{min} = 15$ lx；$K = 0.75$；$Z = 1$；$A = 1.55 \times 2.5 = 3.88$（$m^2$）；$n = 1$。

计算高度 $\qquad h = 2.2 - 0.8 = 1.4$（m）

空间比 $\qquad RCR = \frac{h(a+b)}{ab} = \frac{1.4 \times (1.55 + 2.5)}{1.55 \times 2.5} = 1.46$

按顶棚、墙面和地面的反射系数分别为 70%、50%、20%，查设计手册或表 2-19 得利用系数 u=0.79，则

$$\Phi = \frac{E_{min} Z A}{n u K} = \frac{15 \times 1 \times 3.88}{1 \times 0.79 \times 0.75} = 98（lm）$$

查表 2-7 得 25 W 白炽灯泡的光通量为 220 lm，所以选 25 W 白炽灯泡。

3）地下室。其中：$E_{min}=5lx$；$K=0.75$；$Z=1$；$A=1.2×4.35=5.22$（m^2）；$n=1$。

计算高度 $h=2.0m$

室空间比 $RCR=\dfrac{h(a+b)}{ab}=\dfrac{2×(1.2+4.35)}{1.2×4.35}=2.1$

按顶棚、墙面和地面的反射系数分别为70%、50%、20%，查设计手册或表2-19得利用系数$u=0.74$，则

$$\Phi=\frac{E_{min}ZA}{nuK}=\frac{5×1×5.22}{1×0.74×0.75}=47(lm)$$

查表2-7得15 W白炽灯泡的光通量为110 lm，所以选15 W白炽灯泡。

其它房间的灯具可参照以上的计算结果进行选择。

3. 负荷计算

每标准层单元共有三户，分别由1、2、3支线供电。1、2支线负荷相同，计算如下：

（1）1和2支线，参见图4-28。

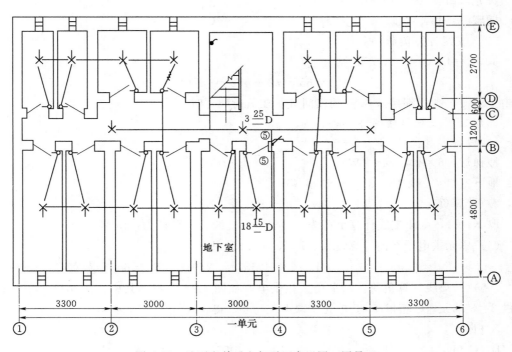

图4-28 地下室单元电气平面布置图（图号6）

1）设备容量：

白炽灯：$1×15+2×25=65$（W）。

荧光灯：$2×30=60$（W）。

插座（每个以50 W计算）：$8×50=400$（W）。

2）设备的计算负荷：

白炽灯组：65 W。

荧光灯组：镇流器损耗系数查表3-9按$\alpha=0.2$计，则

107

$$60 \times (1+0.2) = 72 \, (\text{W})$$

插座组：400 W。

3）1、2 支线的计算负荷：

取需要系数 $K_d = 1$，功率因数 $\cos\varphi = 0.75$，则

$$P_{30} = 65 + 72 + 400 = 537 \, (\text{W})$$

（2）3 支线，参看图 4-24。

1）设备容量：

白炽灯：$1 \times 15 + 2 \times 25 = 65$（W）。

荧光灯：$2 \times 30 = 60$（W）。

插座：$9 \times 50 = 450$（W）。

2）计算负荷：

白炽灯组：65 W。

荧光灯组：$60 \times (1+0.2) = 72$（W）。

插座组：450 W。

3）3 支线计算负荷：

取 $K_d = 1$，$\cos\varphi = 0.75$，则

$$P_{30} = 65 + 72 + 450 = 587 \, (\text{W})$$

其中 1、2、3 支线都接入 3 W 的夜间灯，在负荷计算时未计入。

（3）4、5 支线（楼梯灯、地下室）。

1）设备容量：

楼梯灯：$6 \times 40 = 240$（W）。

地下室灯：$18 \times 15 + 3 \times 25 = 345$（W）。

2）计算负荷：

取 $K_d = 1$，则 4 支线计算负荷为 240 W，5 支线计算负荷为 345 W。

（4）单元供电干线的计算负荷。取 $K_d = 0.65$，则

$$P_{30} = 0.65 \times [6 \times (537 + 537 + 587) + 240 + 345] = 6858.2 \, (\text{W})$$

（5）进户线计算负荷。因采用三相供电，如图 4-24 所示，其中：A 相供 1 单元；B 相供 2、3 单元；C 相供 4、5 单元。取 $K_d = 0.5$，得各相计算负荷为

A 相 $\qquad\qquad\qquad P_{30 \cdot A} = 6858.2$（W）

B、C 相 $\qquad P_{30 \cdot B} = P_{30 \cdot C} = 0.5 \times 2 \times 10551 = 10551$（W）

将上述计算结果列表 4-19。

4. 电流计算

（1）标准层 1、2 支线计算电流

$$I_{30} = \frac{P_{30}}{U_P \cos\varphi} = \frac{537}{220 \times 0.75} = 3.25 \, (\text{A})$$

（2）标准层 3 支线计算电流

$$I_{30} = \frac{587}{220 \times 0.75} = 3.56 \, (\text{A})$$

表 4-19　　　　　　　　　　　　　　　　计算负荷表（设计实例 I）

线路编号，名称	设 备 容 量 （W）				需要系数	计算负荷（W）
	白炽灯	荧光灯	插 座	合 计		
1（标准层）	65	60	400	525	1	537
2（标准层）	65	60	400	525	1	537
3（标准层）	65	60	450	575	1	587
4（单元楼梯灯）	240			240	1	240
5（单元地下室）	345			345	1	345
单元供电干线	1755	1080	7500	10335	0.65	6858.2
A 相进户线	1755	1080	7500	10335	0.65	6858.2
B 相进户线	2×1755	2×1080	2×7500	2×10355	0.5	10551
C 相进户线	2×1755	2×1080	2×7500	2×10355	0.5	10551

（3）4 支线计算电流

$$I_{30} = \frac{240}{220 \times 1} = 1.09(A)$$

（4）5 支线计算电流

$$I_{30} = \frac{345}{220 \times 1} = 1.57(A)$$

（5）单元供电干线计算电流

$$I_{30} = \frac{6858.2}{220 \times 0.75} = 41.56(A)$$

（6）进户线计算电流。按最大负荷相 B 相和 C 相为基准来确定进户线电流的计算。

$$I_{30} = \frac{10511}{220 \times 0.75} = 63.9(A)$$

表 4-20　　　　　　　　　　　　　　　主要设备和材料表（设计实例 I）

编号	设备、材料名称	型 号	规 格	单 位	数 量	备 注
1	嵌入式配电箱	JXR4006		个	5	
2	嵌入式配电箱	JXR4003	规格按系统图	个	25	
3	荧光灯	YG2—1	30 W	支	180	
4	自镇流冷光灯		3 W	支	90	
5	座灯头		250 V，5 A	个	120	
6	吊灯头		250 V，5 A	个	180	
7	单相两孔插座	安全型	250 V，6 A	个	390	
8	单相三孔插座	安全型	250 V，6 A	个	390	
9	拉线开关		250 V，6 A	个	378	
10	暗装单极开关		250 V，6 A	个	90	
11	暗装双控开关		250 V，6 A	个	30	
12	铝芯导线	BLV	2.5、4、6、10、16、25	m		
13	铝芯导线	BLX	16、25	m		
14	镀锌钢管		20、25、32、40、50	m		
15	硬塑料管		15、20	m		

5. 导线截面和穿线管径选择

查表 4-8、表 4-15 选择导线面及穿线管径。

1、2、3、4、5 支线采用 BLV 型导线，截面为 2.5 mm²，配用管径为 G20；单元配电干线采用 BLV 型导线，截面为 16 mm²，配用管径为 G25；进户线采用 BLV 型导线，面为 35 mm²，配用管径为 G50。以上导线截面的选择为今后的发展留有裕量和减少电压损失，均按大一级选取，因此不再进行电压损失的校验。

以上选择结果均标注图 4-24 上。

6. 电气设备的选择

根据线路的额定电压，计算电流选择的自动开关、负荷开关等型号、规格均标注在图 4-24 的系统图中。

（六）主要设备和材料

列于表 4-20 中。

思　考　题

4-1　照明电气设计的任务和步骤有哪些？

4-2　照明负荷分级有哪些？各用于什么场合？

4-3　照明供电网络的接线方式有哪些？

4-4　什么是电压损失，为什么要控制电压损失？

4-5　线路设置哪些保护？设置保护装置的原则如何？

4-6　照明线路有哪些敷设方式？

4-7　导线截面的选择按什么条件进行？

习　　题

4-1　试确定图 4-29 所示额定电压 220 V 的照明线 BLV 型铝芯塑料线的截面。已知全线截面一致，明敷，线路长度和负荷如图所示。假设全线允许电压降为 3％，当地环境温度为 30℃。

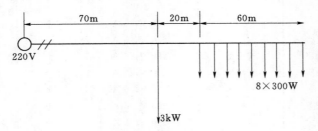

图 4-29　习题 4-1 的照明线路

4-2　有一条 220 V 单相架空线路，拟采用 LJ 导线敷设，供电给若干照明负荷，如图 4-30 所示。全线允许电压降为 2.5％。线路 AB 与 BC 的导线截面一致，BD 的导线截面可另选。试确定各段导线截面。

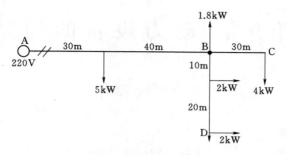

图 4-30 习题 4-2 的照明线路

4-3 某 220/380 V 照明供电系统，如图 4-31 所示。全线允许电压降为 3%。线路采用 BLV 型导线明敷。试选择该线路 AB 段、BC 段、BD 段和 DE 段的导线截面。

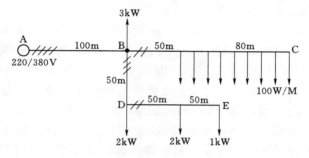

图 4-31 习题 4-3 的照明线路

第五章 动力设备的控制

第一节 动力设备的控制电路

一、电动机的起动

由于异步电动机在起动时要产生较大的起动电流，使系统供电电压降低，影响其他设备正常工作，所以除了小容量电动机采用直接起动外，一般较大电动机多采用降压起动方式。常用的降压起动方法有 Y—△ 降压起动、电阻降压起动、自耦变压器降压起动、延边三角形降压起动等。

（一）Y—△（星三角）转换降压起动方式

Y—△转换降压起动适用于正常运行时定子绕组接成三角形的异步电动机。电动机定子绕组接成三角形，每相绕组接入的电压为线电压 380V；接成星形时，每相绕组接入的电压为相电压 220V。所以在电动机起动时用 Y 形接线，起动结束后改成△形接线，用此方法实现起动降压的目的。图 5-1 为 Y—△降压起动控制电路。当起动时先合上刀开关 QS，按下起动按钮 SB1，接触器 KM_Y 和时间继电器 KT 的线圈同时通电，KM_Y 的常开主触点闭合，此时电动机 Y 接线，KM_Y 的辅助常开触点闭合，起动接触器 KM 线圈通电，其常开主触点闭合，电动机在 Y 接线下降压起动。待经一段时间延时后，起动过程结束，时间继电器 KT 延时打开的常闭触点断开，使 KM_Y 线圈失电释放，KM_Y 的辅助常闭接点闭合而接通 $KM_△$，$KM_△$ 的常开主触点闭合将电动机接成△形，电动机在全电压下运行，同时 $KM_△$ 的辅助常闭触点打开，使时间继电器 KT 和 KM_Y 线圈失电，$KM_△$ 的辅助常开触点闭合，使 $KM_△$ 线圈通电处于自保持状态。

停止时，按下按钮 SB2 即可。

（二）电阻降压起动控制电路

电阻降压起动就是在起动时将电阻串入主电路中，用来降低电动机的端电压，以达到限制起动电流的目的。起动完毕将电阻切除（短接），电动机正常运转，如图 5-2 所示。

起动时，合上刀开关 QS，按下起动按钮 SB1，接触器 KM1 和时间继电器 KT 同时通电吸合，KM1 的主触点闭合，电动机串接起动电阻 R 进行降压起动，经过一定的延时后，时间继电器 KT 的延时闭合常开触点闭合，使 KM2 通电吸合，其主常开触点闭合，将电

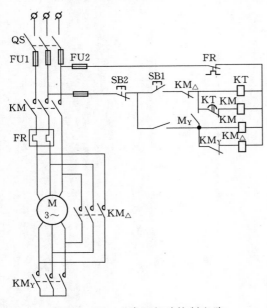

图 5-1 Y—△降压起动控制电路

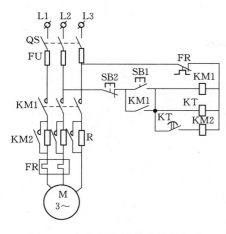

图 5-2 串电阻降压起动控制电路

阻 R 短接切除，使电动机在全电压下运行。

停止时，按下按钮 SB2 即可。

（三）自耦变压器降压起动控制电路

电路图如图 5-3 所示，工作基本原理与电阻降压起动类似。起动时，电动机定子绕组得到的电压是自耦变压器的二次电压，起动结束后，自耦变压器被切除，电动机便在全电压下运行。

起动时，合上刀开关 QS，按下起动按钮 SB1，接触器 KM1 和时间继电器 KT 线圈同时通电，KM1 常开触点全部闭合，电动机串自耦变压器降压起动，时间继电器的瞬时常开触点闭合形成自锁。经一定延时后，时间继电器延时闭合常开触点闭合，KM2 通电，其常开触点吸合；同时，时间继电器延时打开，

常闭触点断开，KM1 失电，自耦变压器被切除，电动机在全电压下运行。KM2 辅助常开接点闭合使 KM2 线圈通电处于自保持状态。

停止时，按下按钮 SB2 即可。

（四）延边三角形降压起动方式

对于定子绕组具有中间抽头的电动机，可使用延边三角形起动控制电路。在起动时，将其一部分绕组接成△接法，另一部分绕组接成外延 Y 接法，能达到较好的减压起动效果。如图 5-4 所示。

起动时，合上刀开关 QS，按下起动按钮 SB1，接触器 KM1 和 KM3 及时间继电器 KT 线圈同时通电，KM3 的主常开触点闭合，使电动机 U2—V3、V2—W3、W2—U3 相接，KM1 的主常开触点闭合使 U1、V1、W1 端与电源接通，电动机在延边三角形接法下降压起动。起动结束时，时间继电器 KT 的常闭触点打开，使 KM3 失电释放，KT 的延时闭合常开触点闭合，使接触器 KM2 线圈得电，KM2 主常开触点闭合，使电动机 U1—W2、V1—U2、W1—U2，接在一起后与电源相接，于是电动机就在△接法下全电压运行。KM2 的辅助常开接点闭合，使 KM2 线圈通电处于自保持状态；同时，KM2 的常闭触点打开，使 KT 线圈失电释放，以保证时间继电器 KT 不长期通电。需要电动机停止时，按下停止按钮 SB2 即可。

二、电动机的控制电路

（一）正反转控制电路

在电气设备中需要电动机正反转的设备较多，如升降机等。图 5-5 即为一台电动机

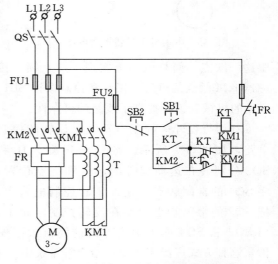

图 5-3 自耦变压器降压起动控制电路

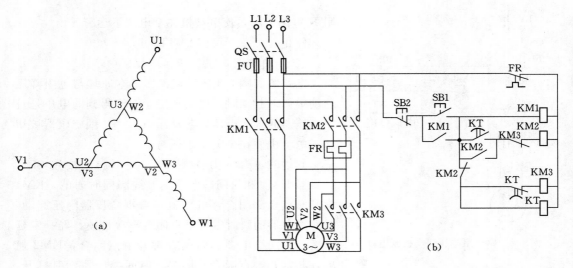

图 5-4　延边三角形起动控制电路

(a) 电动机定子绕组；(b) 控制电路

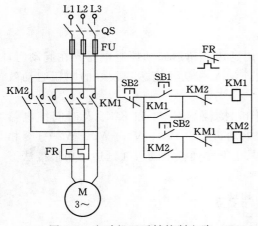

图 5-5　电动机正反转控制电路

的正反转控制电路。起动时，合上刀开关 QS，将电源引入。按下正向起动按钮 SB1，正向接触器 KM1 线圈通电，其常开主触点闭合，使电动机得电正转，同时 KM1 常开辅助触点闭合形成自锁。其常闭辅助触点同时断开，切断 KM2 回路，形成互锁，以防止误按反向起动按钮造成电源短路。如想反转时，必须先按下停止按钮 SB3，使 KM1 线圈断电释放，电动机停止后再按下反向起动按钮 SB2，电机才可反转。由于正反转的变换必须停机后才可进行，这样就增加了非生产时间，效率较低。如果将按钮换成复合式按钮（如图 5-6 所示），则可克服这一缺点。而且电路也实现了双互锁（接触器 KM 触点的电气互锁）和控制按钮 SB1、SB2 的机械互锁，提高了线路的可靠性。

利用行程开关控制电动机正反转的控制电路，如图 5-7 所示。将行程开关 SQ1 和 SQ2 分别装在运动构件的起点和终点位置，将 SQ1 的常闭触点串接在正转控制电路中，把 SQ2 的常闭触点串接在反转控制电路中，而 SQ3 和 SQ4 作为两个方向的终点极限保护，这种方式广泛用于锅炉给煤等系统中。

合上电源开关 QS，按下正向起动按钮

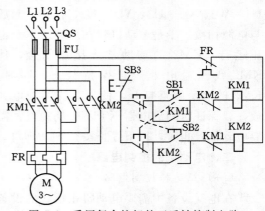

图 5-6　采用复合按钮的正反转控制电路

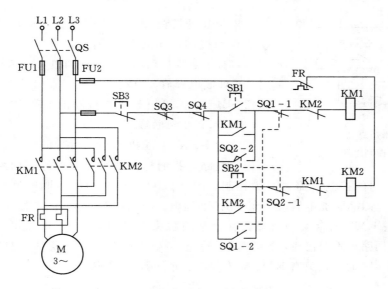

图 5-7 采用行程开关的正反转控制电路

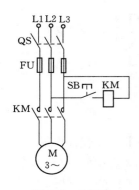

图 5-8 最简单
的点动控制电路

SB1，正向接触器 KM1 线圈通电，主常开触点闭合，电动机正向运转，并带动运动构件向左移动，当移到限定位置时，运动构件上的挡铁碰撞左侧限位开关 SQ1，使它的常闭触点断开，常开触点闭合，KM1 失电释放，而反向接触器 KM2 线圈通电，其主常开触点闭合，电动机反转带动运动构件向右移动。当移动到右端限定位置时，运动构件上的挡铁碰撞右侧限位开关 SQ2，其常闭触点断开，常开触点闭合，使 KM2 失电释放，而 KM1 通电吸合，运动构件又开始左移。如此自动往返，直到按下停止按钮 SB3 时为止。当 SQ1（SQ2）发生故障，则可通过 SQ3（SQ4）作极限保护。

（二）点动控制电路

1. 只能点动的线路

图 5-8 是单向点动（步进或步退）控制电路图。这是一种比较简单的控制线路图，常用在快速行程及地面操作的电动葫芦的场合。

按下按钮 SB，接触器 KM 通电主触点吸合电动机运转。当手离开按钮 SB 时，KM 断电释放，电动机停止运转。

2. 既能点动也能长期工作的电路

图 5-9 是在自锁通路中接入一开关 S，点控时，将开关 S 打开，按下起动按钮 SB1 时，接触器 KM 线圈通电，其主触点闭合，电动机运转，手抬起时，电动机即停转。需要长期工作时，先将开关 S 闭合，再按下起动按钮 SB1，KM 通电，电动机运转，自锁触点

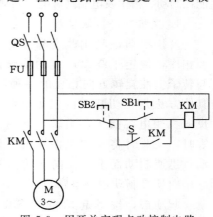

图 5-9 用开关实现点动控制电路

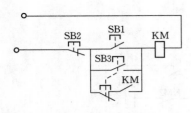

图 5-10 采用点动按钮
的点动控制电路

自锁，松开起动按钮，电动机仍可长期运转。如将点动开关换成点动按钮，如图 5-10 所示，也可实现上面的要求。点控时，按下点控按钮 SB3，KM 通电，电动机起动；手抬起时，KM 断电释放，电动机停转。需长期工作时，按下起动按钮 SB1 即可。停止时，即按停止按钮 SB2。

（三）联锁控制电路

能够实现多台电动机起动、运行的相互联系又相互制约的控制电路，我们称为联锁控制电路。如锅炉房的引风机和鼓风机之间的控制就需要联锁控制。图 5-11 就是两个联锁控制的例子。从图 5-11（a）中看出，当 KM1 通电后就不允许 KM2 通电。因当按下 SB11 起动按钮，KM1 通电，自锁常开触头 KM1 闭合实现自锁。互锁常闭触头 KM1 断开，实现互锁，此时再按下 SB21，KM2 回路也不会接通，KM2 不会得电。从图 5-11（b）中看出，只有 KM1 通电后，才允许 KM2 通电，只有 KM2 释放后，才允许 KM1 释放。

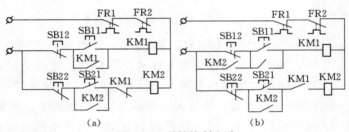

图 5-11 联锁控制电路

（四）电动机制动控制电路

三相异步电动机从切断电源到完全停止，由于电动机及被拖动的工作机械的惯性作用，总需要经过一段时间。只有当其内部的各种摩擦将电动机及工作机械本身所贮存的能量全部消耗完了，才会停下来。这种情况称为自由停车。在某些情况下，为了保证工作的可靠性、安全性，要求电动机能迅速准确的停下来，电动机断电以后所采用的一些快速停车的措施就称为制动。制动的方法比较多，除了常用的机械抱闸、电磁抱闸等机械制动方法外，还有反接制动、能耗制动、再生发电制动等电气制动方法。

1. 反接制动控制电路

反接制动是利用改变异步电动机的电源相序，使定子绕组产生的旋转磁场方向与转子惯性旋转方向相反的一种制动方法。具体方法是在切断正向三相电源后迅速将反向三相电源接入，当转子转速降至接近零时，又及时将反向电源断开，以保证电动机迅速制动而不致反向运转。图 5-12 是一单向反接制动控制电路。

起动时，按下起动按钮 SB1，接触器 KM1 线圈通电吸合，电动机起动运转，速度

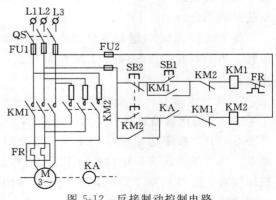

图 5-12 反接制动控制电路

继电器 KA 的转子也随之转动；当电动机转速达到一定（例如 120r/min）时，速度继电器在 KA 的常开触点闭合，为停车反接制动做好准备。停车时，按下停止按钮 SB2，KM1 失电释放，KM2 通电吸合并自锁，电动机通过电阻 R 接入反向三相电源，反接制动开始。当电动机转速降至接近零时，速度继电器 KA 的常开接点又断开，使接触器 KM2 失电释放，反接制动结束。

　　2. 能耗制动控制电路

　　能耗制动是在电动机脱离三相交流电源之后，定子绕组加一个直流电流，产生一个静止磁场，转子感应电流与这一静止磁场相互作用而达到制动的一种方法。图 5-13 为能耗制动控制电路。

　　起动时，合上刀开关 QS，按下起动按钮 SB1，接触器 KM1 线圈通电，其主触点闭合，电动机起动运转。停止时，按下停止按钮 SB2，使 KM1 失电释放，电动机脱离交流电源。同时，KM1 常闭辅助触点复位，SB2 的常开触点闭合，接通制动接触器 KM2 线圈和时间继电器 KT 线圈回路，KM2 触点吸合并自锁，接通直流电源进行能耗制动，使电动机迅速停止。经延时 KT 的延时断开常闭触点打开，切断 KM2 回路，使 KM2 失电释放，切除直流电源，制动结束。

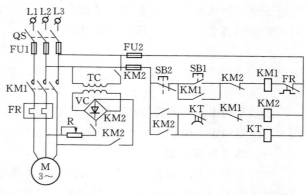

图 5-13　能耗制动控制电路

　　（五）电动机调速控制电路

　　工作机械的调速可以通过变速箱，也可直接改变拖动电动机的转速来调节。对鼠笼式异步电动机可采用变极调速、调压调速、变频调速等。图 5-14 为双速电动机调速控制电路。

　　双速电动机绕组的连接方法，如图 5-15 所示，三相绕组接成三角形时，如图 5-15（a）所示，即 U1、V1、W1 接三相电源，U2、V2、W2 端空着。此时磁极为 4 极，同步

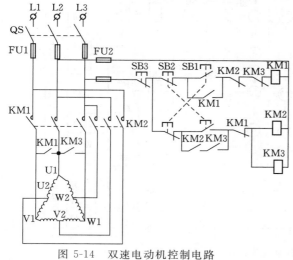

图 5-14　双速电动机控制电路

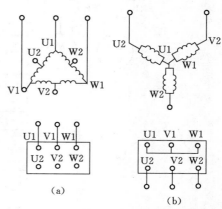

（a）

（b）

图 5-15　双速电动机定子绕组的连接
（a）△接法；（b）YY 接法

转速应为 1500r/min。若接成双星形〔图 5-15（b）所示〕，即 U1、V1、W1 三端短接，将 U2、V2、W2 端接三相电源，此时磁极变为 2 极，同步转速变为 3000r/min，速度增加一倍。

图 5-14 是采用按钮和接触器组成的调速控制电路。合上电源开关 QS，按下低速起动按钮 SB1，低速接触器 KM1 线圈通电，其触点动作，电动机定子绕组呈三角形连接，电动机以 1500r/min 的转速起动运转。当需要换成 3000r/min 的高速时，可按下高速起动按钮 SB2，KM1 失电释放，同时高速接触器 KM2 和 KM3 通电，其触点动作并自锁，电动机定子绕组接成双星形，实现电动机高速运转。为了保证工作的可靠，将 KM2 和 KM3 的常开辅助触点串联后与 SB2 的常开触点并联，实现自锁。

第二节 水泵控制电路

水泵常用于建筑的高位水箱给水（或低位水池排水）、供水管网加压，水泵的运行常采用水位控制和压力控制。本节介绍的是水位控制电路和室内消火栓加压水泵的控制电路。

一、水位控制电路

水位控制有单台泵控制方案；两台泵互为备用不直接投入控制方案；两台泵互为备用直接投入控制方案和降压起动控制方案等数种。图 5-16 为某泵房两台泵互为备用直接投

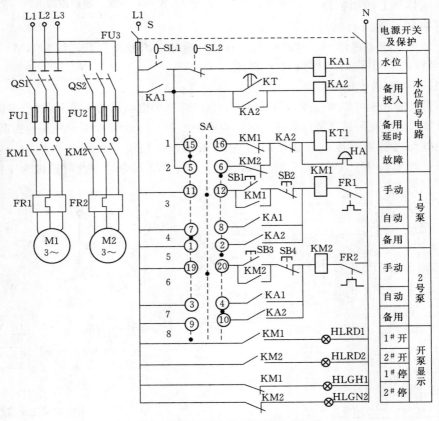

图 5-16 两台泵互为备用直接投入电路

118

入控制电路，其控制电路可分成水位信号电路、两台泵主控制电路和显示电路等环节。

（一）水位控制器

阅读控制电路时首先要了解水位检测设备（水位控制器）的工作原理。水位控制器有干簧管式、水银开关式、电极式等多种类型，常用的是干簧管水位控制器。

干簧管水位控制器由干簧管、永久磁钢浮标和塑料管等组成。干簧管式水位控制器是在密封的玻璃管内固定两片弹性好、导磁率高、有良好导电性能的玻莫合金制成的干簧片，当永久磁铁套在干簧管上时，两个干簧片被磁化相互吸引或排斥，使其干簧触点接通或断开电路；当永久磁钢离开后，干簧管中的两个簧片利用弹性恢复成原状态。图5-17为干簧管水位控制器安装和接线图。其工作原理是：在塑料管内固定有上、下水位干簧管SL1和SL2，塑料管下端密封防水进入，接点连线在上端接线盒引出；塑料管外面套上一个可以随水位高低移动的浮球，浮球中固定一个永久磁环，当浮球移到上下干簧管SL1、SL2水位时，对应的干簧管接受到磁信号而动作，使干簧管中常开和常闭触点按照接线要求发出通断信号，达到水位控制的作用。

（二）控制电路

如图5-16所示，水泵准备运行时，电源开关QS1、QS2、S均在合上位置。SA为转换开关，其手柄位置有三档，共有8对触点。手柄在中间位置时，3和6两对触点闭合，水泵为手动操作控制，此时用起动按钮和停止按钮SB来控制两台泵的运行和停止，两台泵不受水位控制器控制。当SA开关手柄扳向左边时，触点1、4、8三对触点闭合，1号泵为常用泵，2号泵为备用泵。若水位在低水位SL1处，此时SL1闭合。水位信号电路中的中

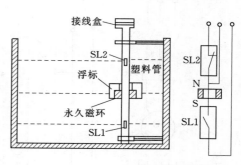

图5-17　干簧管水位控制器安装和接线图

间继电器KA1线圈通电，其常开触点闭合，一对触点用于自锁，一对触点通过SA的第四对触点使接触器KM1接通，1号泵投入运行加压送水，当水位达到高水位SL2时，此时SL2常闭触点断开使KA1断电，KA1常开触点断开使KM1断电，水泵停止运行。

如果1号泵在投入运行时发生过载或者接触器KM1接受信号不动作，时间继电器KT和警铃HA通过SA触点1的一对触头长时间通电，警铃响，时间继电器KT延时5～10s，其延时闭合常开触点闭合使中间继电器KA2通电，KA2的常开触点闭合，经SA触点8的一对触头使接触器KM2通电动作，使2号泵自动投入运行，同时KT和HA断电。

当SA手柄扳向右时，其触点2、5、7闭合，此时2号泵为常用，1号泵为备用，其控制原理与上述相同。

二、室内消火栓加压水泵的控制电路

高层工业与民用建筑以及水箱不能满足消火栓水压要求的其他低层建筑，每个消火栓处应设置直接起动消防水泵的按钮，以便及时起动消防水泵，供应火场用水。按钮应设有保护设施，如放在消防水带箱内，或放在有玻璃保护的小壁龛内以防止误操作。消防水泵一般设置两台泵互为备用。

图5-18为消火栓水泵电气控制的一种方案，两台泵互为备用可自动投入。正常运行

时电源开关 QS1、QS2 和控制开关 S1、S2 均合上，S3 为水泵检修转换开关，不检修时放在运行位置。SB10 至 SBn 为各消火栓箱消防起动按钮，无火灾时被按钮玻璃面板压住，中间继电器 KA1 通电，消防水泵不起动。SA 为转换开关，手柄放在中间时，为泵房和消防控制室操作起动，不接受消火栓内消防按钮控制指令；SA 扳向左，1 号泵自动，2

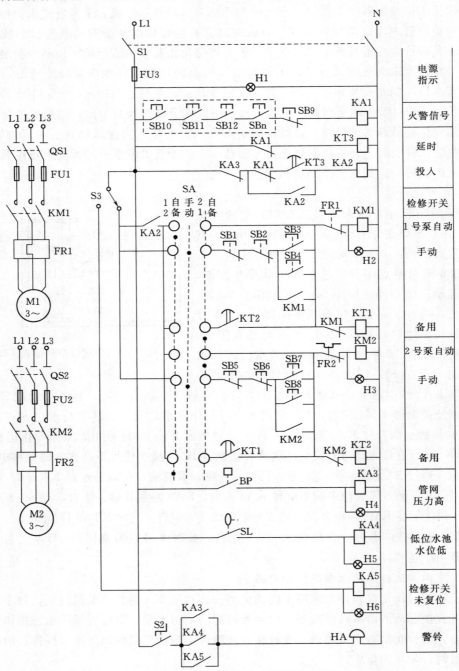

图 5-18　室内消火栓给水加压泵控制电路

120

号泵备用。

当发生火灾时，打开消火栓箱门，用硬物击碎消防按钮面板玻璃，其按钮常开触头恢复，使 KA1 断电，时间继电器 KT3 通电，其延时闭合常开触点闭合，接通 KA2 电路，KA2 常开触点闭合，使接触器 KM1 吸合，1 号泵电动机起动运行。如 1 号泵过载或 KM1 卡住不动，KT1 通电，其延时闭合常开触点闭合，使 KM2 通电，2 号泵自动投入运行。

当消防给水压过高时，管网压力继电器触点 BP 闭合，使 KA3 通电发出停泵指令，KA3 动作，其常闭触点断开 KA2 电路，KA2 断电，使工作泵停止并进行声、光报警。

当低位消防水池缺水时，低水位控制器 SL 触点闭合，使 KA4 通电，可发出低位消防水池缺水的声、光报警信号。

当水泵需要检修时，将检修开关 S3 扳向检修位置，KA5 通电，发出声、光报警信号。S2 为消铃开关。

第三节 锅炉的动力设备控制电路

锅炉是工业生产或生活采暖的供热源，锅炉的生产任务是根据负荷设备的要求，生产具有一定参数（压力和温度）的蒸汽或热水。为了满足负荷设备的要求，并保证锅炉的安全和经济运行，中小型锅炉常采用仪表进行配合控制，为了解其控制原理我们以×××型 10t/h 锅炉为例，对控制电路进行阅读分析。图 5-19 及图 5-20 是该型锅炉的动力设备电气控制电路，图 5-21 是该型锅炉仪表控制方框图，此处省略了一些简单的环节。

一、系统特点分析

（一）动力设备电气控制特点

动力控制系统中，水泵电动机功率为 45kW，引风机电动机功率为 45kW，一次风机电动机功率为 30kW，功率均较大，需设置降压起动设备。因 3 台电动机不需要同时起动，所以只用 1 台自耦变压器作为降压起动设备。为了避免 3 台或 2 台电动机同时起动，系统设置了起动互锁环节。

锅炉点火时，一次风机、炉排电机、二次风机必须在引风机起动数秒后才能起动；停炉时，一次风机、炉排电机、二次风机停止数秒后，引风机才能停止。控制电路应用了按顺序规律实现控制的环节，并在锅炉汽包水位不低于极限低水位时才能实现顺序控制。

（二）自动调节特点

锅炉汽包水位调节是双冲量给水调节，系统以汽包水位信号作为主调节信号，以蒸汽流量信号作为前馈信号，通过调节仪表自动调节给水管路中电动阀门的开度，实现汽包水位的连续调节。

过热蒸汽的温度调节是通过调节仪表自动调节减温水电动阀门的开度，调节减温水流量来控制过热器出口的蒸汽温度。

二、控制电路分析

当锅炉需要运行时，首先要进行运行前的检查，一切正常后，将各电源自动开关 QF、QF1 至 QF6 合上（图 5-19），其主触头和辅助触头均闭合，为主电路和控制电路通电作准备。

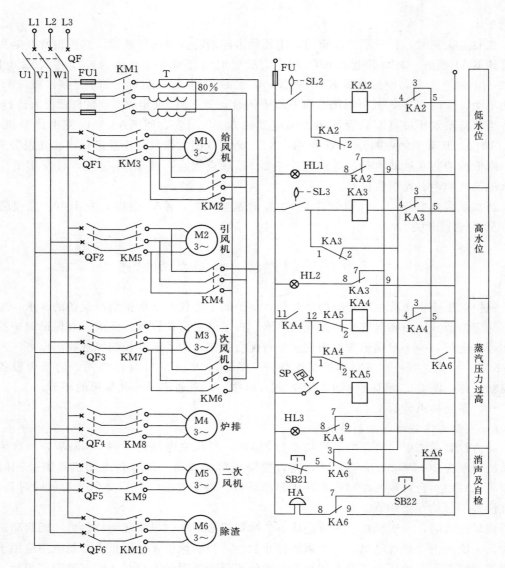

图 5-19　×××型锅炉电气控制电路图（一）

（一）给水泵的控制

　　需要给锅炉汽包上水时，按 SB3 或 SB4 按钮（图 5-20），接触器 KM2 通电吸合，其主触点闭合，使给水泵电动机 M1 接通压起动电路，为起动作准备；辅助触点 KM21、2 断开，切断 KM6 通路，实现对一次风机不许同时起动的互锁；KM23、4 闭合，使接触器 KM1 通电吸合，其主触点闭合，给水泵电动机 M1 接通自耦变压器及电源，实现降压起动。

　　同时，时间继电器 KT1 线圈也通电吸合，其触点 KT11、2 瞬时断开，切断 KM4 通路，实现对引风机电动机不许同时起动的互锁；KT13、4 瞬时闭合，实现起动时自锁；当 KT15、6 延时断开时，使 KM2 断电，KM1 也断电，其触点均复位，电动机 M1 及自耦变压器均切除电源；KT17、8 延时闭合使接触器 KM3 通电吸合，其主触点闭合，使电

122

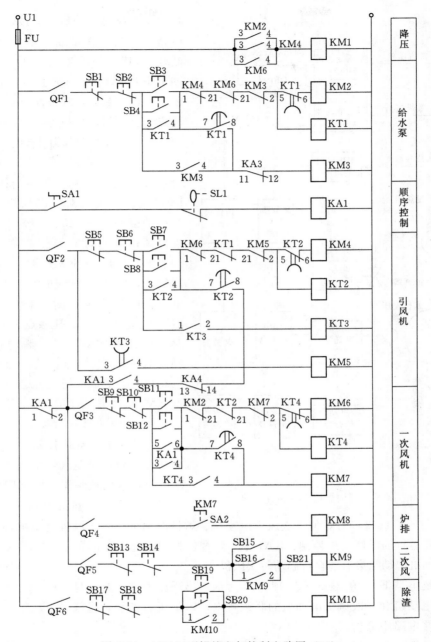

图 5-20 ×××型锅炉电气控制电路图（二）

动机 M1 接上全压电源稳定运行；KM31、2 断开，KT1 断电，触点复位；KM3 3、4 闭合，实现运行时自锁。当水位达到高水位时，通过水位控制器中高水位触点 SL3 使报警电路中的 KA3 通电，KA311、12 触点断开，实现高水位停泵。KA3 的控制在报警电路中分析。锅炉运行中的水位调节靠双冲量给水调节系统调节电动阀实现连续调节。

（二）引风机的控制

锅炉运行时，需先起动引风机，按 SB7 或 SB8，接触器 KM4 通电吸合，其主触点闭

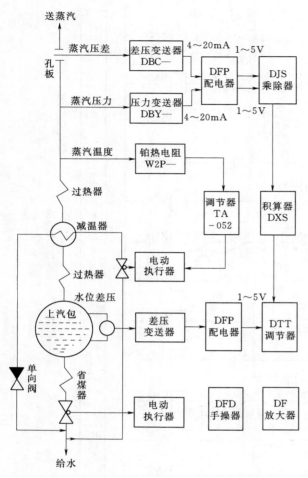

图 5-21 ×××型锅炉仪表控制方框图

合，使引风机电动机 M2 接通降压起动电路，为起动作准备；触点 KM41、2 断开，切断 KM2 通路，实现对水泵电动机不许同时起动的互锁；KM43、4 闭合，使接触器 KM1 通电吸合，其主触点闭合，引风机电动机 M2 接通自耦变压器及电源实现降压起动。

同时，时间继电器 KT2 也通电吸合，其触点 KT21、2 瞬时断开，切断 KM6 通路，实现对一次风机不许同时起动的互锁；KT23、4 瞬时闭合，实现自锁；当 KT25、6 延时断开时，接触器 KM4 断电，KM1 也断电，其触头均复位，电动机 M2 切除自耦变压器及电源；KT27、8 延时闭合使时间继电器 KT3 通电吸合，其触点 KT31、2 瞬时闭合自锁；KT33、4 瞬时闭合，接触器 KM5 通电吸合，其主触点闭合使电动机 M2 接全电压电源运行；辅助触点 KM51、2 断开，使 KT2 断电复位。

（三）一次风机的控制

系统按顺序规律控制时，需合上转换开关 SA1，只要汽包水位高于极限低水位时，水位控制器中的极限低水位触点 SL1 闭合，中间继电器 KA1 通电吸合，其触点 KA11、2 断开，使一次风机电动机、炉排电动机、二次风机电动机必须按引风机电动机先运行的顺序实现控制；KA13、4 闭合，为顺序起动作准备；KA15、6 闭合，使引风机电动机起动结束后能自行起动一次风机。

中间继电器 KA4 的触点 KA413、14 为锅炉出现压力过高时，自动停止一次风机电动机、炉排电动机和二次风机电动机的联锁触点，锅炉压力正常时或低时不动作，其原理在声、光报警电路中分析。

当引风机电动机 M2 起动结束时，时间继电器 KT3 通电吸合后，KT31、2 闭合，只要 KA413、14 是闭合的，KA13、4 闭合，KA15、6 闭合，接触器 KM6 将自动通电吸合，其主触点闭合，使一次风机电动机 M3 接通降压起动电路，为起动作准备；辅助触点 KM61、2 断开，实现对引风机电动机不许同时起动的互锁；KM63、4 闭合，接触器 KM1 通电吸合；其主触点闭合使 M3 接通自耦变压器及电源，一次风机电动机 M3 实现降压起动。

同时，时间继电器 KT4 也通电吸合，其触点 KT41、2 瞬时断开，实现对水泵电动机不许同时起动的互锁；KT43、4 瞬时闭合自锁；当 KT45、6 延时断开时，接触器 KM6

124

断电，KM1 也断电，其触点恢复，电动机 M3 切除自耦变压器及电源；KT47、8 延时闭合，接触器 KM7 通电吸合，其主触点闭合，电动机 M3 接全电压运行；辅助触点 KM71、2 断开，KT4 断电，触点复位；KM73、4 闭合，实现自锁。

（四）其他电机的控制

引风机起动结束后，就可起动炉排电动机 M4 和二次风机电动机 M5，炉排电动机功率为 1.1kW、二次风机电动机功率为 7.5kW，均可直接起动。除渣电动机功率为 1.1kW，不受顺序规律控制，可直接起动。

（五）锅炉停止运行的控制

锅炉停炉有三种情况：暂时停炉、正常停炉和事故停炉。暂时停炉为负荷短时间停止用汽时，炉排用压火的方式停止运行，同时停止送风机和引风机等，重新运行时可免去升火的准备工作；正常停炉为负荷停止用汽及检修时有计划的停炉，需熄火和放水；事故停炉为锅炉运行中发生故障，如不立即停炉就有扩大事故的可能，需停止供煤、送风，减少引风等而进行检修。

正常停炉和暂时停炉的控制：按下 SB5 或 SB6 按钮（图 5-20），时间继电器 KT3 断电，其触点 KT31、2 瞬时复位，使接触器 KM7、KM8 和 KM9 线圈断电，其触点均复位，一次风机电动机 M3、炉排电动机 M4、二次风机电动机 M5 都断电停止运行；KT33、4 延时复位，接触器 KM5 断电，其主触点复位，引风机电动机 M2 断电停止。从而实现了停炉时，应使一次风机、炉排电机、二次风机先停数秒后，再停引风机的顺序控制要求。

（六）声光报警及保护

系统设有汽包水位的低水位报警和高水位报警及保护；蒸汽压力超高压报警及保护等环节。见声光报警电路，其 KA2 至 KA6 均为小型中间继电器。

1. 水位报警

汽包水位的检测应用水位控制器，该水位控制器可安装 3 个干簧管，有"极限低水位"触点 SL1、"低水位"触点 SL2、"高水位"触点 SL3，当汽包水位正常时，水位在"低水位"与"高水位"之间，SL1 为常闭触点，SL2、SL3 为常开触点。

当汽包水位在"低水位时"，低水位触点 SL2 闭合，继电器 KA6 通电吸合；其触点 KA64、5 闭合并自锁；KA68、9 闭合，蜂鸣器 HA 响（图 5-19），声报警；KA61、2 闭合使 KA2 通气吸合，其触点 KA24、5 闭合自锁；KA28、9 闭合，指示灯 HL1 亮，光报警；KA21、2 断开，为消声作准备。当值班人员听到声响后，观察指示灯，知道发生低水位时，可按 SB21 按钮，使 KA6 断电，其触点复位，HA 断电不再响，实现消声。然后去排除故障，水位上升后 SL2 复位，KA2 断电，HL1 也断电熄灭。

如汽包水位下降到"极限低水位"时，触点 SL1 断开，控制电路中按顺序控制的继电器 KA1 断电，一次风机电动机 M3、二次风机电动机 M5 均断电停止运行。

当汽包水位达到"高水位"时，触点 SL3 闭合，KA6 通电吸合，其触点 KA64、5 闭合自锁；KA68、9 闭合，HA 响，声报警；KA61、2 闭合使 KA3 通电吸合，其触点 KA34、5 闭合自锁；KA38、9 闭合使指示灯 HL2 亮，光报警；KA31、2 断开，准备消声；KA311、12 断开（在水泵控制电路上）可使正在工作的接触器 KM3 断电，其触点复位，给水泵电动机 M1 断电停止运行。消声方法与前相同。

2. 超高压报警及保护

当蒸汽压力超过设计整定值时，其蒸汽压力表中的压力开关 SP 高压端接通，使继电器 KA6 通电吸合，其触点 KA64、5 闭合自锁；KA68、9 闭合，HA 响，声报警；KA61、2 闭合使 KA4 通电吸合；其触点 KA411、12、KA44、5 均闭合自锁；KA48、9 闭合使 HL3 亮，光报警；KA413、14（控制电路）断开，使一次风机电动机 M3、二次风机电动机 M5 和炉排电动机 M4 均断电而停止运行。

当值班人员知道并处理后，蒸汽压力下降到蒸汽压力表中的压力开关 SP 低压端接通时，继电器 KA5 通电吸合，其触点 KA51、2 断开，使 KA4 断电，KA4 触点复位，一次风机电动机 M3 和炉排电动机 M4 将自行起动，二次风机电动机 M5 需人工操作重新起动。

按钮 SB22 为自检按钮，自检的目的是检查声、光器件是否正常。自检时，HA 及各光器件均应能有反应。

3. 其它保护

各台电动机的电源开关和总开关都用自动开关，自动开关一般设有过载保护和过电流保护自动跳闸功能，总开关还可增设失压保护功能。

锅炉要正常运行，锅炉房还需要其它设备，如水处理设备、运渣设备、运煤设备、煤粉粉碎设备等，各设备如使用电动机，其控制电路一般较简单。

仪表自动调节环节可参看有关资料，此处不再进行分析。

第四节 空调机组控制电路

空调机组是会议室、舞厅等需要局部改善室内良好热环境最常用的一种大型空调设备，其类型较多，电气控制要求也略有不同，下面以某型恒温恒湿空调机组为例阅读其控制电路。

一、机组主要设备

图 5-22 为空调机组安装示意图，图 5-23 为该机组控制电路。机组设备按其功能分，有制冷、空气处理和电气控制三部分。

（一）制冷部分

制冷部分是机组的冷源，主要由压缩机、冷凝器、膨胀阀和蒸发器等组成。为了调节室内所需的冷负荷，将蒸发器制冷管路分成两条，利用两个电磁阀分别控制两条管路的通和断，电磁阀 YV1 通电时，蒸发器投入 1/3 面积；电磁阀 YV2 通电时，蒸发器投入 2/3 面积；YV1 和 YV2 同时通电时，蒸发器全部面积投入制冷。

（二）空气处理设备

空气处理设备的主要任务是将新风和回风经空气过滤器过滤后，处理成所需要的温度和相对湿度，以满足房间的空调要求。它主要由新风采集口、回风口、空气过滤器、电加热器、电加湿器和通风机等组成。其中电加热器是利用电流通过电阻丝会产生热量的原理而制成的空气加热设备，安装在通风管道中，共分 3 组。电加湿器是用电能直接加热水而产生蒸汽，用短管将蒸汽喷入空气中，而改变空气湿度的设备。

（三）电气控制部分

电气控制部分的主要作用是实现恒温恒湿的自动调节。由检测元件、调节器、接触器和开关等组成。其温度检测元件为电接点水银温度计，可以调节接点检测温度，当温度达到接点检测温度时，利用水银的导电性能将接点接通，通过晶体管组成的开关电路（调节器）使调节器中的灵敏继电器通电或断电而发出信号。其相对湿度检测元件也是电接点水银温度计，只不过在其下部包有吸水棉纱，利用空气干燥使水分蒸发而带走热量的原理工作，只要使两个温度计保持一定的温差就可维持一定的相对湿度。检测温度的称干球温度计，检测湿度的称湿球温度计。湿球温度计的整定值低于干球温度计的整定值。

二、控制电路阅读分析

该空调机组电气控制电路（图5-23）可分成主电路、控制电路和信号灯与电磁阀控制电路3部分。

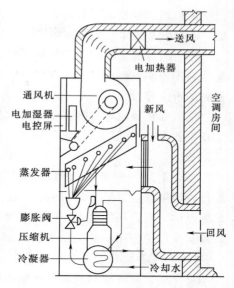

图 5-22　空调机组安装示意图

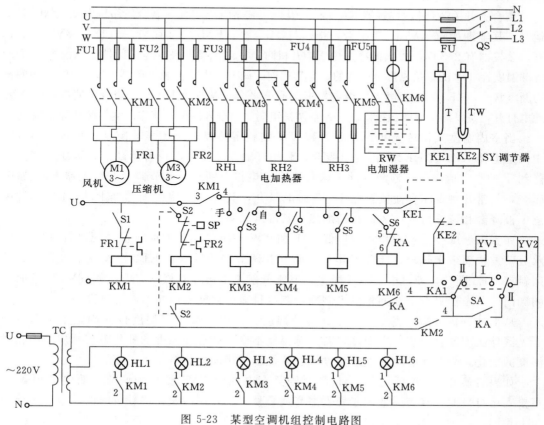

图 5-23　某型空调机组控制电路图

127

当空调机组需要投入运行时，合上电源总开关 QS，所有接触器的上接线端子、控制电路 U、V 两相电源和控制变压器 TC 均有电。

机组的冷源是由制冷压缩机供给，压缩机电动机 M2 的起动由开关 S2 控制，其制冷量是利用控制电磁阀 YV1、YV2 调节蒸发器的制冷投入面积来实现的，并由转换开关 SA 控制是否全部投入。

机组的热源由电加热器供给。电加热器分成 3 组，分别由开关 S3、S4 和 S5 控制，每个开关各有"手动"、"停止"和"自动"3 个位置，当扳到"自动"位置时，可以实现自动调节。

当合上开关 S1 时，接触器 KM1 通电吸合；其主触点闭合，使通风机电动机 M1 起动运行；辅助触点 KM11、2 闭合，指示灯 HL1 亮；KM13、4 闭合，为温度调节做好准备，此触点称为联锁保护触点，即通风机未起动前，电加热器、电加湿器等都不能投入运行，起到安全保护作用，避免发生事故。

(一) 夏季运行的温、湿度调节

夏季运行需降温和减湿，压缩机电动机需投入运行，电磁阀 YV1 和 YV2 是否全部投入应根据室内温度而定。设开关 SA 扳在 II 档，电磁阀 YV1、YV2 全部投入，而 YV2 受自动调节环节控制是否投入。电加热器可有一组（如 RH3）投入运行，作为精加热（此法称为冷加热法）用于恒温，此时应将 S3、S4 扳至"停止"档，S5 扳至"自动"档。

当合上开关 S2 时，接触器 KM2 通电吸合，其主触点闭合，制冷压缩机电动机 M2 起动运行；其辅助触点 KM21、2 闭合，指示灯 HL2 亮；KM23、4 闭合，电磁阀 YV1 通电打开，蒸发器有 2/3 面积投入制冷。由于刚开机时，室内温度较高，检测元件干球温度计 T 和湿球温度计 TW 的电接点都是接通的，与其相连的调节器中的灵敏继电器 KE1 和 KE2 线圈都为断电状态，KE2 的常闭触点使继电器 KA 通电吸合，其触点 KA1、2 闭合，使电磁阀 YV2 通电打开，蒸发器全部面积投入制冷，空调机组向室内送入冷风，使室内空气冷却降温减湿。

当室内温度或相对湿度下降到 T 和 TW 的整定值以下时，其电接点断开而使调节器中的继电器 KE1 或 KE2 线圈通电吸合，利用其触点动作可进行自动调节。例如：室温下降到 T 的整定值以下，检测元件干球温度计 T 电接点断开，调节器中的继电器 KE1 通电吸合，其常开触点闭合使接触器 KM5 通电吸合，其主触点使电加热器 RH3 通电，对风道中被降温和减湿后的冷风进行精加热，其温度相对提高。

如室内温度一定，而相对湿度低于 T 和 TW 整定的温度差时，湿球温度计 TW 上的水分蒸发快而带走热量，使 TW 电接点断开，调节器的继电器 KE2 线圈通电吸合，其常闭触点 KE2 断开，使继电器 KA 断电，其常开触点 KA1、2 恢复，电磁阀 YV2 断电而关闭阀门。蒸发器只有 2/3 面积投入制冷，制冷量减少而使室内相对湿度升高。

从上述分析可知，当房间内干、湿球温度一定时，其相对湿度也就确定了。每一个干、湿球温度差就对应一个湿度。若干球温度不变，则湿球温度的变化就表示房间内相对湿度的变化，只要能控制住湿球温度不变就能维持房间内相对湿度恒定。

如果转换开关 SA 扳到"I"位置，则只有电磁阀 YV1 受自动调节，而电磁阀 YV2 不投入运行。此种状态一般用于春夏之交或夏秋之交，制冷量需要较少时的季节，其原理与上相同。

为防止制冷压缩机吸气压力过高运行不安全和吸气压力过低不经济，在压缩机上安装有高低压力继电器，利用高低压力继电器触点 SP 来控制压缩机电动机 M2 的运行和停止。当发生吸气压力过高或过低时，高低压力继电器触点 SP 断开，接触器 KM2 断电释放，压缩机电动机停止运行。此时，通过继电器 KA 的触点 KA3、4 使电磁阀 YV1 仍继续受控。当蒸发器压力恢复正常时，高低压力继电器 SP 触点恢复，压缩机电动机再次自动起动运行。

（二）冬季运行的温、湿度调节

冬季运行主要是升温和加湿，制冷机组不工作，需将 S2 断开，SA 扳至"停"位。加热器有 3 组，根据加热量不同可分别选在"手动"、"停止"或"自动"位置。设 S3 和 S4 扳在"手动"位置，接触器 KM3、KM4 通电，RH1、RH2 投入运行。将 S5 扳到"自动"位置，RH3 受温度调节控制。当室内温度低时，干球温度计 T 接点断开，调节器的继电器 KE1 通电，其常开触点闭合使 KM5 通电吸合，其主触点闭合使 RH3 投入运行，送风温度升高。如室温较高，T 接点闭合，KE1 断电释放而使 KM5 断电，RH3 即退出运行。

室内相对湿度调节是将开关 S6 合上，利用湿球温度计 TW 电接点的通断而进行控制。当室内相对湿度低时，TW 温包上水分蒸发快而带走热量，TW 电接点断开，调节器中继电器 KE2 通电，其常闭触点断开使继电器 KA 断电释放，常闭触点 KA5、6 恢复而使接触器 KM6 通电吸合；其主触点闭合，使电加湿器 RW 通电，加热水而产生蒸汽对送风进行加湿。当相对湿度较高时，TW 和 T 的温差小，TW 接点闭合，KE2 释放，继电器 KA 通电，其触点 KA5、6 断开使 KM6 断电而停止加湿。保持干球温度计 T 和湿球温度计 TW 的温差就可维持室内相对湿度不变。

该机组的恒温恒湿调节属于位式调节，只能在制冷压缩机和电加热器的额定负荷以下才能保证温度和湿度的调节。

第五节 电梯的控制电路

电梯是现代化高层建筑中不可缺少的一种垂直运输工具，它是一种机电合一的大型技术复杂的设备。其机械部分相当于人的驱体，电气部分相当于人的神经。电梯控制方式较多，但其基本环节类似。本节以××型电梯控制电路为例，介绍电梯控制电路的一般阅读方法。

图 5-24 为某型电梯的控制电路图。该电路相对较复杂，但也是由一些基本环节的电路组成，为了便于分析，我们将电路图分成九个环节：①总电源及主拖动区［图 5-24（a）］；②主拖动控制区［图 5-24（b）］；③电梯运行过程控制区［图 5-24（c）］；④自动门控制区［图 5-24（d）］；⑤各层呼梯、记忆及消号控制区［图 5-24（e）］；⑥轿内自动定向、轿外截车控制区［图 5-24（f）］；⑦轿内选层、记忆及信号消除控制区［图 5-24（g）］；⑧各种信号及指示控制区［图 5-24（h）］；⑨轿内照明控制区［图 5-24（i）］。每个环节有它独立的控制关系又有相互联系，为了更快的查到各电气元件及触点在图中的位置，当讲到某元件及触点时，将标明它在哪个环节内，如 KMF②、KAR③表示 KMF 在第二个环节主拖动控制区，KAR 在第三个环节，电梯运行过程控制区内。

一、系统主要设备及部件

为了顺利阅读电路图，我们先将系统中和机、电有联系的主要设备及部件按其所在电

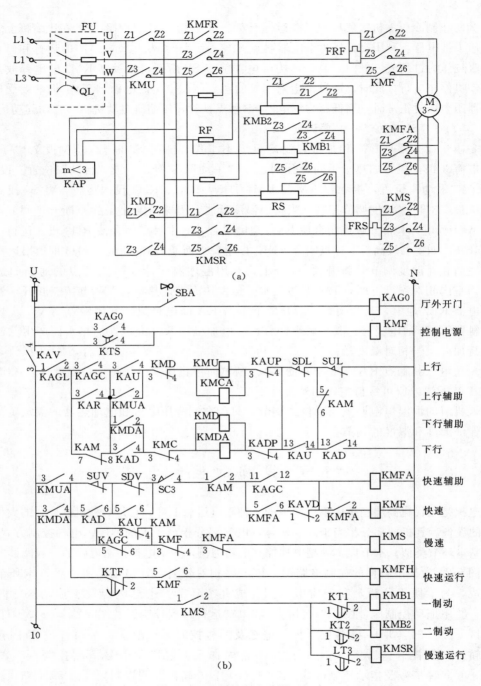

图 5-24　电梯控制电路图（一）

路的顺序作一简单介绍。

（一）总电源及主拖动区

1．曳引电动机

它是电梯的动力源，安装在机房内，为交流单绕组双速鼠笼式电动机，通常为 YY/Y

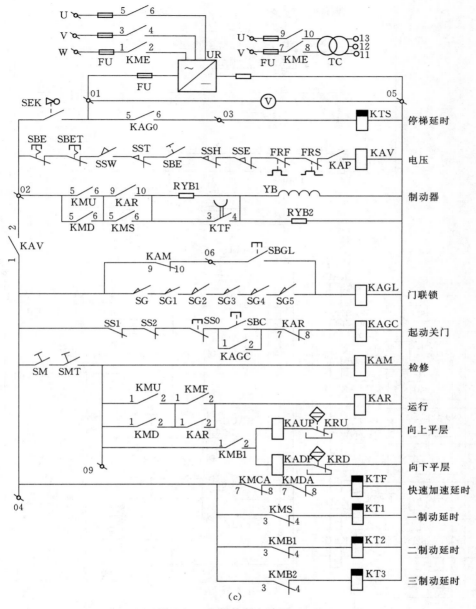

图 5-24　电梯控制电路图（二）

接，YY 接时为高速 1000r/min；Y 接时为低速 250r/min。YY 接法通过接触器 KMF、KMFA 实现，用于电梯正常起动和运行，起动时为了限制起动电流，串入起动电阻 RF，起动结束由接触器 KMFR 短接；Y 接法用于停止前的减速和检修运行，由接触器 KMS 接入，因停止前的减速为制动状态，为了减小制动电流需串入制动电阻 RS，通过接触器 KMB1、KMB2、KMSR 分三次切除。接触器 KMU、KMD 用于电梯的上升与下降的控制。

2. 极限开关 QL

它是端站保护装置的第三道防线。由特制的铁壳开关和上、下碰轮及传动绳组成，钢

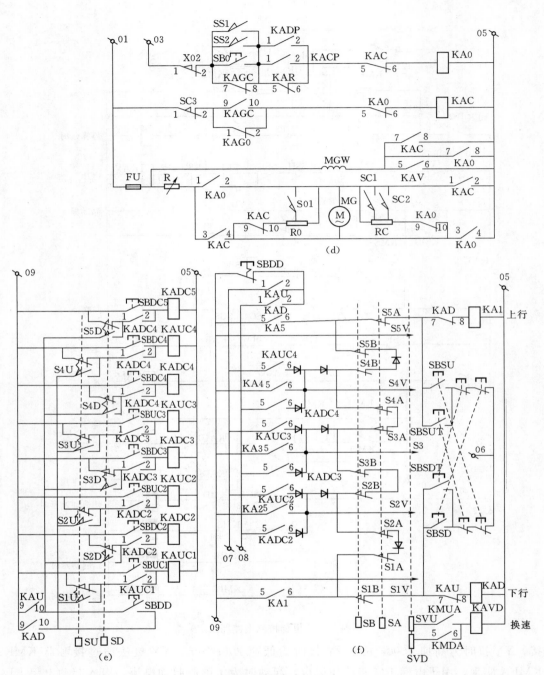

图 5-24　电梯控制电路图（三）

绳的一端绕在装于机房内的特制铁壳开关闸柄驱动轮上，并由张紧配重拉紧，另一端与上、下碰轮架相接。当轿厢运行到终端失控时，装在轿厢上的碰铁撞击极限开关的碰轮，牵动与极限开关相连的钢绳，使只有人工才能复位的极限开关拉闸动作，从而切断主回路电源，迫使轿厢停止运动。安装示意图见图 5-25 所示。

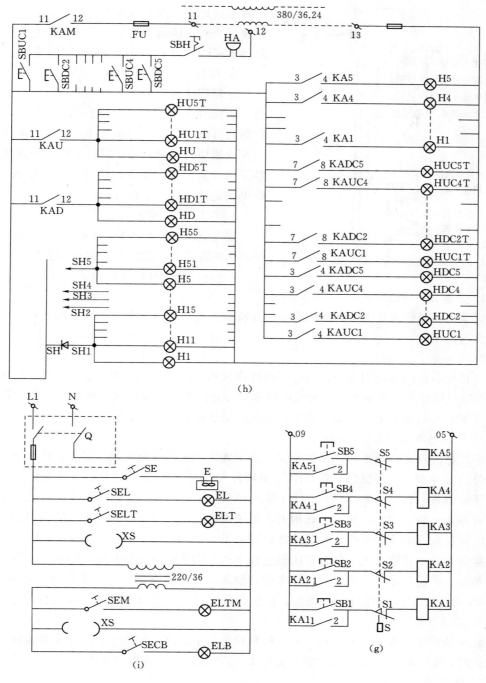

图 5-24　电梯控制电路图（四）

（二）主拖动控制区

1. 强迫减速开关

这是端站保护装置的第一道防线，由上、下限位开关 SUV、SDV 组成，安装在井道

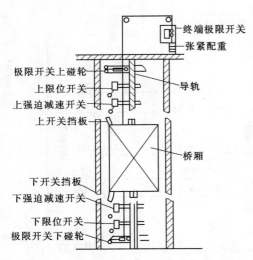

图 5-25　端站保护装置安装位置示意图

（图中标注：终端极限开关、张紧配重、极限开关上碰轮、上限位开关、上强迫减速开关、上开关挡板、导轨、轿厢、下开关挡板、下强迫减速开关、下限位开关、极限开关下碰轮）

的顶端和底部，当电梯失控行至顶层或底层而不换速停止时，轿厢首先要碰撞强迫减速开关使接触器 KMF、KMFA 断电而改接成慢速。

2. 终端限位开关

这是端站保护装置的第二道防线，由上、下终端限位开关 SUL、SDL 组成，分别安装在井道的顶部或底部，当电梯失控后，经过减速开关而又未能使轿厢减速停止时，轿厢上的碰铁与终端限位开关相碰，使方向接触器 KMU 或 KMD 断电而迫使轿厢停止运行。

3. 钥匙开关 SBK

这是电梯操作人员上、下班开关门的电开关，必须用钥匙开启，它安装在基站厅门旁。

（三）电梯运行过程控制区

1. 钥匙开关 SEK

这是电梯操作人员上、下班或临时离开轿厢而停梯的电开关，必须用钥匙开启，安装在轿厢内电控盘上。

2. 电磁制动器 YB

这是曳引机的制动用抱闸，当曳引机电动机通电时，YB 也同时通电松闸，电动机断电时 YB 也同时断电将闸抱紧，使曳引机制动停止。由制动电磁铁、制动臂、制动瓦块等组成、安装在机房内电动机轴与减速器相连的制动轮处。YB 为直流电磁线圈。

3. 平层感应器 KRU、KRD

平层感应器是轿厢平层的反馈装置。由干簧管和永久磁钢组成，安装在轿厢顶部支架上，分为上升和下降平层感应器 KRU、KRD。在井道中每层楼的平层区适当位置安装有平层感应铁板，长度为 600 mm，当轿厢进入平层区时，平层感应铁板插入平层感应器的干簧管和永久磁钢中间，使永久磁钢的磁场被铁板短路，干簧管中的干簧片利用弹性而恢复成闭合触点（电路图中所示就是按此状态画的）；当轿厢离开平层区时，平层铁板脱离平层感应器，干簧管中的干簧片常闭触点被永久磁钢磁场磁化相互排斥而断开。因为平层感应每经过一层就动作一次，为了使电梯到预选层停止就分别配一个平层继电器 KAUP、KADP，并设计成只有电梯进入慢速，接触器 KMB1 通电后才能实现平层停梯的控制。

4. 安全窗开关 SSW

轿厢的顶棚设有一个安全窗，便于轿顶检修和中途断电停梯而脱离轿厢的通道，电梯要运行时，必须将安全窗关好，安全窗开关 SSW 受压才能使控制电路接通。

5. 安全钳开关 SST

轿厢是利用钢绳牵引的，如果发生钢绳折断，轿厢就会加速坠落。为了预防这种事故，在轿厢底部安装有安全钳楔块，其传动机构与轿厢侧限速器钢绳相连，当电梯轿厢超速，限速器钢绳被卡住而提起安全钳楔块制止轿厢下滑，同时安全钳开关 SST 受压而切断控制电路使电动机停止。

6. 其他保护开关

电梯的限速装置、机械选层器等的钢绳或钢带都有张紧装置，如发生断绳或拉长变形时，其对应的张紧开关将断开，切断电梯的控制电路。SSR 为限速器钢绳张紧开关，SSE 为选层器钢带张紧开关，SBE 为底坑检修开关，SBE 为轿内急停按钮，SBET 为轿顶急停按钮，SM 为轿内检修开关，SMT 为轿顶检修开关（不检修时均需合上）。SG1 至 SG5 为各层厅门位置开关，SG 为轿厢门位置开关，各层厅门和轿厢门关好后，对应的位置开关受压才能开动电梯，而按钮 SBGL 的作用就是防止某层厅门被强行打开而进入检修状态运行时的门联锁按钮。

（四）自动门控制区

1. 开关门电动机

现代的电梯一般都要求能自动开关门。开关门电动机多采用直流它激式电动机作动力，并利用改变电枢回路电阻的方法来调节开关门过程中的不同速度要求。轿门的开闭由开关门电动机直接驱动，而厅门的开闭则由轿门间接带动。MG 为电枢绕组、MGW 为激磁绕组。

为了使轿厢门能开闭迅速而又不产生撞击。开门过程中应以快速开门，最后阶段应减速，门开到位后，门电机应自动断电。S01、S02 分别为开门减速和开门到位行程开关；在关门的初始阶段应快速，最后阶段分两次减速，直到轿门全部关闭，门电机自动断电，SC1、SC2、SC3 分别为关门减速和关门到位行程开关。各行程开关均安装在轿厢外侧门轨道处。

2. 安全触板开关 SS1、SS2

为了防止电梯在关门过程中夹人或物，带有自动门的电梯常设有关门的安全装置。在关门过程中只要受到人或物的阻挡，便能自动退回。常用的是安全触板，通过安全触板开关实现停止关门并进行开门。SS1、SS2 为安全触板碰撞行程开关，安装在轿门外侧。

（五）机械选层器

机械选层器实质上是按一定比例（如 60∶1）缩小了的电梯井道，由定滑板、动滑板、钢架、传动齿轮等组成。动滑板由轿厢侧的选层器钢绳通过传动变速齿轮带动，电梯运行时，动滑板和轿厢作同步运动。在选层器中，对应每层楼有一个定滑板，定滑板上安装有多组静触点和微动开关。在动滑板上安装有多组动触点和碰块。当动滑板运行到对应楼层时，该层的定滑板上的静触点与动滑板上的动触点相接触而导通，其微动开关也因碰块的碰撞发生相应的变化。当动滑板离开对应的楼层时，其触点和微动开关又恢复原状态。

利用选层器中的多组触点可实现定向、选层消号、位置显示、发出减速信号等，功能越多，触点组越多，可使继电线路简化，可靠性提高。选层器的静触点、动触点、微动开关及与电路无关的碰块分布在图 5-24 中（e）、（f）、（g）、（h）四个区，如静触点有 S1V 至 S5V、SH1 至 SH5；动触点有 SVU、SVD 和 SH；微动开关有 S1U 至 S4U、S2D 至 S5D、S1A 至 S5A、S1B 至 S5B、S1 和 S5 等；碰块有 SU、SD、SA、SB 和 S 等。在分析电路时要结合轿厢的运行位置来理解。

二、电梯运行控制分析

该电路图是以五层五站为例。机房中的极限开关 QL 平时为合闸状态，设电梯轿厢在基站（底层），轿门、厅门关闭，按电梯操作人员上班前的工作顺利进行分析。

（一）电梯运行准备

司机上班开门。司机在基站用钥匙扭动钥匙开关 SBK②，厅外开门继电器 KAG0②

通电吸合：

$$KAG0\uparrow\begin{cases}KAG01、2④\downarrow\rightarrow切断关门继电器\,KAC④\\KAG03、4②\rightarrow使控制电源接触器\,KME②通电\\KAG05、6③\uparrow\rightarrow使\,03\,号线和停梯延时继电器\,KTS③待通电\end{cases}$$

KME②通电吸合：

$$KME\uparrow\begin{cases}KME1-6③\uparrow\rightarrow使直流控制电路接通电源\\KME7-10③\uparrow\rightarrow使交流控制信号电路接通电源\end{cases}$$

当直流控制电路接通电源后，经变压器变压、整流，输出 110V 直流电。01、05、03号线有电，KTS③↑，其触点 KTS3、4②↑→为停梯时关门延时停电作准备；同时，开门继电器 KA0④通电吸合：

$$KA1\uparrow\begin{cases}KA05、6\uparrow\rightarrow切断关门继电器\,KAC\,通路互锁\\KA07、8\uparrow\rightarrow使门电机激磁绕组\,MGW\,通电激磁\\KA01、2\uparrow\rightarrow KA0、3、4\uparrow\rightarrow门电机电枢绕组通电起动开门\\KA09、10\uparrow\rightarrow切除电阻\,RC\,电路\end{cases}$$

当轿厢门开到 85% 左右时，开门行程开关 S01 受压短接一段 R0 电阻，使电枢绕组电压降低而开门减速，门开到位时，压下门开到位行程开关 S02，开门继电器 KA0 断电，其触点复位而使门电机自动断电。

司机进入轿厢合上轿内照明开关 SEL⑨，照明灯 EL 亮。用钥匙扭动电源钥匙开关 SEK③，02 号线有电，在各安全开关（轿内急停按钮 SBE、轿顶急停按钮 SBET、安全窗开关 SSW、安全钳开关 SST、底坑检修急停开关 SBE、限速器钢绳张紧开关 SSR、过载保护热继电器 FRF 和 FRS、缺相保护继电器 KAP、机械选层器钢绳张紧开关 SSE）均为正常时，电压继电器 KAV③通电吸合：

$$KAV\uparrow\begin{cases}KAV1、2③\uparrow\rightarrow使\,04\,号线有电\\KAV3、4②\uparrow\rightarrow使\,10\,号线有电\\KAV5、6④\uparrow\rightarrow使\,MGW\,长期有电\end{cases}$$

04 号线通电后，快速加速时间继电器 KTF③、第一制动时间继电器 KT1③、第二制动时间继电器 KT2③、第三制动时间继电器 KT3③，均通电吸合，其触点（在②区）均瞬时断开，为电动机起动，制动减速过程中延时切除电阻作准备。

当电梯准备投入正常运行时，将轿内检修开关 SM③、轿顶检修开关 SMT③均合上（不检修位置），09 号线有电，检修继电器 KAM③通电吸合：

$$KAM\uparrow\begin{cases}KAM1、2②\uparrow\rightarrow为接通\,KMF②、KMFA②作准备\\KMM3、4②\downarrow\rightarrow正常运行时，不选接通\,KMS②\\KAM5、6②\downarrow\rightarrow将终端限位开关串入方向接触器电路\\KAM7、8②\downarrow\rightarrow不关门不能接通方向接触器\\KAM9、10③\downarrow\rightarrow06\,号不能通电\\KAM11、12⑧\uparrow\rightarrow信号指示电路可以工作\end{cases}$$

（二）电梯运行

该电梯具有轿内指令登记和顺向截停功能，但每次运行时，必须按一次起动关门按钮。因此，它的起动运行由关门按钮和选层按钮共同控制，可以是先选层，后起动关门，也可反之，两者互不影响，下面分别分析。

1. 选层、定向

乘用人员进入轿厢后，司机问明乘用人员需到达的楼层并逐一点按选层按钮进行登记。当第一个选层按钮被按下后，电梯就自动定好方向，直到同一方向执行完毕后再执行相反的方向。设选择四楼、五楼，分别按轿内按钮 SB4⑦、SB5⑦，对应的层楼继电器通电吸合，并通过定向电路使方向继电器通电，选择好电梯的运行方向。电气元件动作程序如下顺序：

$$
\text{（按 SB4 时）} \atop \text{KA4⑦↑} \left\{ \begin{array}{l} \text{KA41、2⑦↑→自锁} \\ \text{KA43、4⑧↑→H4 亮} \\ \text{KA45、6⑥↑→经定向电路} \end{array} \right.
$$

$$
\text{（按 SB5 时）} \atop \text{KA5⑦↑} \left\{ \begin{array}{l} \text{KA55、6⑥↑→经定向电路} \\ \text{KA51、2⑦↑→自锁} \\ \text{KA53、4⑧↑→H5 亮} \end{array} \right.
$$

$$
\text{KAU⑥↑} \left\{ \begin{array}{l} \text{KAU1、2⑥↑→顺向呼梯电源通} \\ \text{KAU3、4②↑→准备接通 KMU} \\ \text{KAU5、6②↑→短接 SDV} \\ \text{KAU7、8⑥↑—切断 KAD，互锁} \\ \text{KAU9、10⑤↑→保持反向呼梯记忆} \\ \text{KAU11、12⑧↑→使 HU、HU1～HU5 亮} \\ \text{KAU13、14②↑→检修时短接 SDL} \end{array} \right.
$$

2. 起动关门

乘用人员进入轿厢后（客满或无人进入），司机按关门按钮 SBC③，起动关门继电器 KAGC③通电吸合：

$$
\text{KAGC↑} \left\{ \begin{array}{l} \text{KAGC1、2③↑→自锁} \\ \text{KAGC3、4↑→准备接通方向接触器 KMU 或 KMD} \\ \text{KAGC5、6↓→切断慢速接触器 KMS②通路} \\ \text{KAGC7、8↓→切断开门继电器 KA0④通路} \\ \text{KAGC9、10↑→使关门继电器 KAC④通电} \\ \text{KAGC11、12↑→准备接通快速辅助接触器 KMFA②} \end{array} \right.
$$

关门继电器 KAC④通电吸合：

$$
\text{KAC↑} \left\{ \begin{array}{l} \text{KAC5、6④↓→切断开门继电器 KA0 通路} \\ \text{KAC7、8④↑→使门电机激磁绕组 MGW 通电，与 KAV 同时起作用} \\ \text{KAC9、10④↓→切除电阻 R0 通路} \\ \text{KAC1、2、KAC3、4↑→门电机电枢绕组通电，起动关门} \end{array} \right.
$$

当门关到 75%～80% 时，压下关门减速行程开关 SC1 时，电枢绕组并联电阻 RC 被短接一段，电枢绕组两端电压降低，关门减速；门关至 90% 时，又压下关门减速行程开关 SC2，并又短接一段 RC 电阻，实现第二次关门减速；当门关到位时，压下关门到位开关

SC3，使关门继电器 KAC 断电，门电机电枢绕组也断电。

如果在关门过程中夹到人或物，其中安全触板开关 SS1 和 SS2 被碰撞，SS1 和 SS2 的常闭触点（③区）断开使 KAGC 断电，其触点 KAGC9、10④ 释放，使 KAC 也断电，关门停止；同时 SS1 和 SS2 在④区的常开触点闭合，使开门继电器 KA0 通电进行开门。需重新关门时必须再按关门按钮 SBC③ 并重复前述关门过程。

3. 电梯起动、加速运行

当电梯门关好，关门到位，行程开关 SC3 受压，其在②区的触点 SC3、4② 闭合，为快速接触器 KMF 和 KMFA 通电作准备。只要各层厅门关好，轿门开关 SG、各层厅门开关 SG1 至 SG5 均受压，门联锁继电器 KAGL③ 通电吸合，其触点 KAGL1、2② 闭合，为接通方向接触器作准备。此时电梯已定好方向，KAU3、4②↑、KAGC3、4②↑、KAGL1、2②↑、KAV3、4②↑，使上行方向接触器 KMU 和上行方向辅助接触器 KMUA 通电吸合，其触点又使快速辅助接触器 KMFA 和快速接触器 KMF 通电吸合，曳引电动机通电、电磁抱闸线圈 YB 也通电打开，电梯就自动起动和加速运行，各电器元件动作程序见图 5-26 的分析。

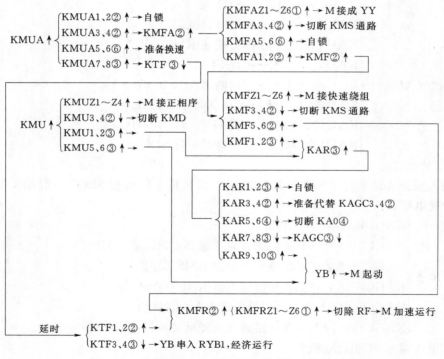

图 5-26　电梯起动、加速运行电器元件动作程序图

4. 停层换速制动

当电梯的轿厢运行时，机械选层器上的动滑板也按比例移动，动滑板上的碰块和动触点与对应各层楼的定滑板上的微动开关和静触头相碰撞和接触，使微动开关触点发生变化及动静触点接触而通过指示灯显示轿厢的运行位置和方向。

当轿厢运行到四楼层区时，动滑板上的动触头 SVU⑥ 与定滑板上的静触头 S4V⑥ 相接触，由于 S4V⑥ 经 KA45、6⑥↑ 有电，换速继电器 KAVD⑥ 通电吸合，电梯实现换速、制动及慢速停靠，各电器元件动作程序见图 5-27 的分析。

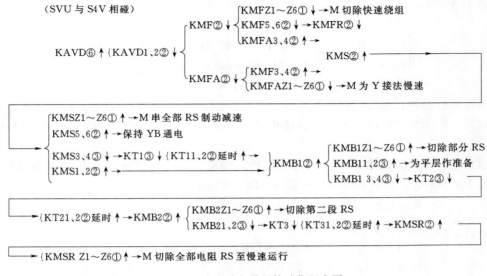

图 5-27　减速时电器元件动作程序图

5. 电梯平层停止、自动开门

当电梯慢速运行到平层时，轿厢上的平层感应器进入井道中的平层铁板，使平层感应器中的干簧片脱离永久磁钢的磁场而闭合，上平层感应器 KRU③触点恢复，使上行平层继电器 KAUP③通电吸合：

$$\text{KAUP}\uparrow\begin{cases}\text{KAUP1、2④}\uparrow\rightarrow\text{KA0}\uparrow\rightarrow\text{实现自动开门过程}\\\text{KAUP3、4②}\downarrow\rightarrow\text{KMU②}\downarrow\text{、KMUA②}\downarrow\rightarrow\text{电动机断电}\end{cases}$$

当 KMU、KMUA 断电后，电磁制动器线圈 YB 也断电，通过 RYB2③放电将电磁抱闸抱紧。同时，KAR③、KMS②、KMB1②、KMB2②、KMSR②、KAUP③相继断电。KTF③、KT1③、KT2③、KT3③又重新通电，为下次起动运行串入电阻延时切除作准备。

平层后，门是自动打开的，开门过程与前相同。门开好后，压下行程开关 S02④，开门继电器 KA0④断电。

当电梯进入平层时，机械选层器上的动滑板碰块 S⑦碰开 S4，KA4 断电消除四层登记信号；碰块 SA⑥、SB⑥碰开 S4A 和 S4B，但上行方向继电器 KAU⑥由 KA55、6⑥↑通电而继续吸合，乘客进出轿厢后，司机只需再按起动关门按钮 SBC③，起动关门继电器 KAGC③通电，实现关门过程。门关好后，由于上行方向继电器 KAU 还继续吸合，电梯将保持原方向起动、运行，其过程与前面分析相同。

（三）电梯的其他功能工作过程

1. 顺向呼梯和反向呼梯

电梯底层厅门旁装有一个向上呼梯按钮，顶层厅门旁装有一个向下呼梯按钮，中间层站厅门旁都装有向上和向下呼梯按钮（⑤区电路）。各层厅门上方装有电梯运行方向及位置指示灯，它与轿内指示灯相对应（⑧ 区电路）。

（1）顺向呼梯。设电梯由一层向上运行，如二层有人按动向上呼梯按钮 SBUC2⑤，蜂鸣器 HA⑧响，同时上行呼梯继电器 KAUC2⑤通电吸合：

$$
KAUC2⑤↑
\begin{cases}
KAUC2\ 1、2⑤↑→自锁记忆 \\
KAUC2\ 3、4⑧↑→HUC2⑧亮（轿内） \\
KAUC2\ 7、8⑧↑→HUC2T 亮（厅按钮内） \\
KAUC2\ 5、6⑥↑→S2V⑥有电，要求顺向截停
\end{cases}
$$

当轿厢行驶到二层时，动滑板上的 SVU⑥与定滑板上的 S2V⑥相碰，进行换速顺向截停，其工作原理与轿内指令停层换速相同。同时，碰块 SU⑤与微动开关 S2U 相碰，消除呼梯信号。

（2）反向呼梯。设电梯由一层向上运行，如果二层有人按向下呼梯按钮 SBDC2⑤，蜂鸣器 HA⑧响，同时下行呼梯继电器 KADC2⑤通电吸合：

$$
KADC2↑
\begin{cases}
KADC2\ 1、2⑤↑→自锁记忆 \\
KAUD2\ 3、4⑧↑→HDC2⑧亮（轿内） \\
KADC2\ 7、8⑧↑→HDC2T 亮（厅按钮内） \\
KADC2\ 5、6⑥↑→因 KAD1、2⑥没闭合，08 号线无电
\end{cases}
$$

当轿厢到达二层时，因 08 号线无电，不会实现换速，继续上行。同时，动滑板碰块 SD⑤将碰压定滑板上的微动开关 S2D⑤，其常闭断开，常开闭合。因 KAU9、10⑤闭合，经 S2D 常开使 KADC2⑤不会断电，使反向呼梯信号继续保留。

2. 直驶不停

如果轿厢客满或其他原因不许顺向截停时，司机按直驶不停按钮 SBDD⑥⑤，其中 SBDD⑥触点切断外截车作用的电源，07 和 08 号线无电，顺向时不会截停；SBDD⑤触点使顺向及反向呼梯信号能继续保持。

3. 检修运行

当电梯需检修时，为了便于观察，电梯要慢速运行，可把轿顶检修开关 SMT③或轿内检修开关 SM③的其中一个扳到检修位置（打开），切断 09 号线电源，检修运行继电器 KAM③断电释放：

$$
KAM③↓
\begin{cases}
KAM1、2②↓→切断 KMF、KMFA，电梯不能快速运行 \\
KAM3、4②↑→在开门检修时，能接通 KMS② \\
KAM5、6②↑→将终端限位开关能串入相同方向接触器电路 \\
KAM7、8②↑→在开门检修时，能接通 KMU 或 KMD \\
KAM9、10③↑→06 号线有电，为检修运行作准备 \\
KAM11、12⑧↓→信号指示灯电路停止工作
\end{cases}
$$

关门检修时，当各层厅门关好，各层厅门开关 SG1 至 SG5 压下，轿门关好 SG 压下，门联锁继电器 KAGL③通电吸合，KAGL1、2②↑准备接通方向接触器，按动轿顶慢上按钮、SBSUT⑥（或慢下按钮 SBSDT⑥）使方向继电器 KAU⑥（或 KAD⑥）通过 6 号线通电吸合，再接通 KMU③、KMUA③（或 KMDA③、KMD③）及 KMS③，实现慢速起动，并分级切除电阻运行。

如按轿内按钮 SBSU⑥或 SBSD⑥原理相同。检修运行均属点动控制。

如需开门检修运行时，按门联锁按钮 SBGL③可接短门开关 SG、SG1 至 SG5，使 KAGL③通电吸合。其他与关门检修运行相同。

　　4. 停梯下班关门

　　电梯停在基站，司机在轿厢内断开电源钥匙开关 SEK③，出轿厢在厅门旁断开基站钥匙开关 SBK②，厅外开门继电器 KAG0 断电释放：

$$
KAG0 \downarrow \begin{cases} KAG0\ 1、2④\uparrow \rightarrow KAC\uparrow 实现自动关门 \\ KAG0\ 3、4②\downarrow \rightarrow KME②由 KTS\ 3、4 延时\downarrow，为关门供电 \\ KAG0\ 5、6③\downarrow \rightarrow KTS③\downarrow 其触点 KTS3、4②延时\downarrow，为关门供电 \end{cases}
$$

　　当门关好后，压下关门到位行程开关 SC3④，关门继电器 KAC④断电。当 KTS③延时完毕，KME②断电释放，信号及控制电源断电。

　　5. 轿厢运行指示及其它

　　轿厢运行到哪一层，是利用选层器中动滑板上的动触点 SH⑧与对应各层楼定滑板上的静触点 SH1 至 SH5 接触，使各层厅和轿内指示灯 H1 至 H5 亮，显示出轿厢运行到哪一层的指示。

　　轿厢在关门过程中，按 SB0③④可实现强行开门，SB0③断开 KAGC，SB0④接通 KA0。

　　电梯电路中的安全保护可分为电气保护和机电联锁保护两类。电气保护主要有：欠电压保护继电器 KAV③，缺相保护电器 KAP①；过载保护热继电器 FRF①、FRS①，短路保护 FU 等。机电联锁保护有：上下行强迫减速开关 SUV 和 SDV②，上下行终端限位开关 SUL②和 SDL②，极限开关 QL①，安全窗开关 SSW③，安全钳开关 SST③，限速器钢绳张紧开关 SSR③，选层器钢带张紧开关 SSE③，安全触板开关 SS1 和 SS2③④，门关好联锁开关 SG、SG1 至 SG5 等。机电联锁保护应与机械系统联系起来进行分析理解。

　　轿厢中的照明电源由电源开关 Q⑨单独控制，不受极限开关 QL 的控制。为了检修时安全，使用手提灯，特设置了插座。手提灯的电压为 36V 安全电压。

第六节　交流变频调速在控制系统中的应用

　　近年来，各国大力发展交流电动机拖动系统取得重大成果，中、高档交流变频调速系统已经研制出来。国内外各种交流变频调速装置已商品化、系列化，并广泛用于工业自动化控制的各个领域。前面介绍的水泵给水调节控制、消防给水控制、电梯运行控制等，随着交流变频调速系统的逐步推广应用，已越来越多地运用到上述场合。

　　交流变频调速系统得到广泛的应用，这是由于交流变频调速系统具有一系列优点所决定的。它具有结构简单、坚固耐用、很少维修、转动惯量小、制造成本低以及适合用于恶劣工作环境等一系列优点。

　　一、异步电动机常用的调速方案

　　由电机学我们知道，交流异步电动机的转速公式如下

$$
n = \frac{60f}{p}(1-s) \tag{5-1}
$$

式中　f——异步电动机供电电压频率（Hz）；

p——异步电动机的磁极对数；

s——异步电动机的转差率。

所以调节交流电动机的转速有三种方案。

（一）改变电动机的磁极对数

通过改接定子绕组的连接方式来实现，是改变异步电动机的同步转速

$$n_0 = \frac{60f_1}{p}$$

故一般称变极调速的电动机为多速异步电动机。

（二）变频调速

由式（5-1）中可以看出，改变电动机定子绕组的供电频率 f 是可以调速的。当转差率一定时，电动机转速 n 基本上正比于供电频率 f，所以只要有输出频率可平滑调节的变频电源，就能平滑、无级地调节异步电动机的转速。

（三）改变转差率调速

常用改变转差率的方法有改变异步电动机的定子电压调速、采用滑差电动机调速、转子电路中电阻调速以及串级调速。前两种方法适合鼠笼异步电机，后者适合于绕线式异步电动机。这些方案都能使异步电动机实现平滑调速，但共同的缺点是在调速过程中存在着转差损耗，即在调节过程中均产生大量的转差功率并消耗在转子电路中，使转子发热，系统效率降低。

以上三种调速方案，变极对数 p 调速和变频 f 调速都是改变同步转速的调速方案，在调速过程中，转差率 s 是一定的，故系统效率不会因调速而降低。而改变转差率调速是不改变同步转速的调速方案，存在着调速范围越窄，系统效率越低的问题，故不值得提倡。在改变 n_0 的两种方案中，又因变级调速为有级调速，且不连续，所以目前在交流调速方案中，采用变频调速方案较多。

二、变频调速系统中的变频器

任何一种变频调速系统，可用图 5-28 来表示。它由变频器（或称变频电源）和控制单元组成，完成将恒压恒频（CVCF）电源转换为变压调频电源（VVVF），为交流电动机提供调速用的变频电源。

交流变频调速装置分别适用于风机、泵、压缩机等类型的调速场合及要求宽调速范围的场合。

风机、水泵是广泛使用的通用机械。以往风机、水泵采用恒速交流电动机拖动，通过调节挡板或阀门开度大小调节风量或流量，这样势必造成电能的浪费。若利用变频调速技术，用调节电动机的转速方法取代调节挡板和阀门，则可达到节约电能的目的。这类负载的输入功率与转速三次方成正比，利用调速使流量减少，则异步电动机的输入电功率按立方规律下降，从而使耗电量大大降低，可以节能 20％ 以上。

此外，交流变频调速技术还广泛应用于冶

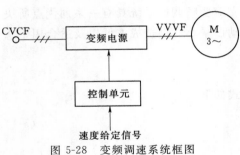

图 5-28　变频调速系统框图

金、石油、化工、纺织、造纸、数控机床、机器人以及人造卫星等系统上。

三、利用变频调速装置调节风量、水量的流量的节能原理

风机、水泵运行时，经常要调节风量、流量，例如，调节水泵流量，传统的调节方法是用挡板调节，用改变阀门的开度调节水量，是利用改变管道的阻力特性来调节流量。如图 5-29 所示，H 定义为泵类负载的压力，Q 定义为泵类负载的流量，R 定义为管道的阻力，并且 $R_2 > R_1$，即 R_2 的管道阻力大。H＝f（Q）为压力流量特性。对应于某种转速下，若水泵的阀门开度于工作点 A_1，对应的流量为 Q_1，压力为 H_1。当减小阀门开度时，工作点由 A_1 点转移到 A_2 点，流量减小，$Q_2 < Q_1$，压力增大，$H_2 > H_1$，此时用电量为 $OH_2A_2Q_2$ 所包围的面积。

若采用变速办法调节流量，管道阻力特性不变，转速降低，H＝f（Q）特性下移。使流量由 Q_1 改变到 Q_2，工作点由 A_1 点转移到 A_3 点，所用电量为 $OH_3A_3Q_2$ 所包围的面积。

变速调节流量与改变阀门开度调节流量相比较，两种方案的用电量是不同的。由图 5-29 可以看出，变速调节流量的用电量比改变阀门开度调节流量要小，节电面积为 $H_3A_3A_2H_2$ 所包围的面积

$$H_3A_3A_2H_2 = OH_2A_2Q_2 - OH_3A_3Q_2$$

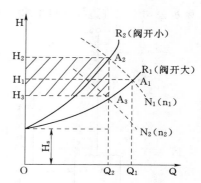

图 5-29　水泵调速时的 H-Q 曲线

这是因为改变挡板调节流量，管道阻力增大，电能白白消耗在管道上，而变速调节方案是不改变管道的阻力特性的。又因为输入电功率

$$P = \frac{1}{975}Mn \tag{5-2}$$

而风机、水泵属于平方型负载，转矩 M 与转速 n 成平方关系

$$M \propto n^2 \tag{5-3}$$

泵类负载的流量 Q 正比于转速 n

$$Q \propto n \tag{5-4}$$

则输入电功率

$$P = \frac{1}{975}Mn = Kn^3 = K'Q^3 \tag{5-5}$$

当用变速调节方案改变流量 Q 时，输入电功率 P 按流量的三次方减小，流量减少一半，输入电功率减少 1/8。

$$P_2 = (\frac{1}{2})^3 P_1 = \frac{1}{8}P_1$$

四、交流变频调速装置在恒压给水装置上的应用

现代建筑高层楼房给水系统中，通常在楼顶设置贮水箱，以满足用水和消防的需要，水压低时起动水泵电机，水压高时停止水泵电机，以保证维持管道供水。后又产生第二代给水装置——气压罐式。该方案可不在楼顶安装水箱，但仍然存在许多问题。如，气压罐水的二次污染、二次能量转换、能耗大及电器动作频繁、寿命短、维修量大等。

目前随着变频调节技术的应用，一种微机自控给水装置，由中心模数控制器，配以交流变频调速器，使泵电机软起、停，并且无级调速，达到恒压变流量给水，使电器、机械寿命大大延长（约 15～20 倍），节约能源 40% 以上，较好地解决了屋顶安装大贮水箱和气压罐给水两种方案存在的一些问题。而且一套给水装置可以同时满足高层楼房生活用水和消防用水要求，既节省投资，占地面积又少。

图 5-30 绘出了自动恒压调节流量给水装置原理图。该供水系统采用两台离心式水泵 P_1、P_2，分别由两台异步电机 M_1 和 M_2 拖动。其中 P_2 为定量泵，其异步电动机 M_2 由工频电源直接供电，不进行调速。P_1 为可调泵，它的拖动电动机由变频器 VVVF 供电，实现调速，LG 为连接轴。该系统在底层楼也设置了一个水箱，其主要作用是供水的缓冲作用（各地自来水公司不允许直接从自来水供水管网抽水），防止离心水泵开动时造成供水管网呈负压。

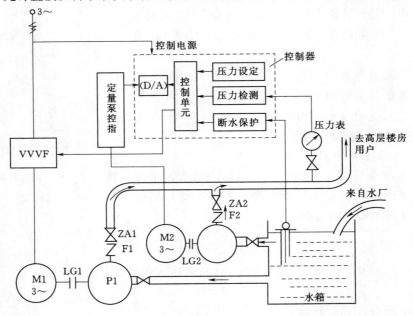

图 5-30　自动恒压调节流量给水装置图

该给水装置按保持楼层用户管道内水压恒定的目标设计。调节方案如下：当用水量最大时，为保持管道水压恒定，P_1、P_2 同时满负荷运行；当用水量减小时，定量泵 P_2 照样满负荷运行，而可调泵 P_1 拖动电动机减速运行，从而维持管道压力不变；当水量低于一台泵的额定给水量时关闭定量泵 P_2，只开动可调泵 P_1，由可调泵调节管道压力恒定。当深夜用户都不用水时，P_1 泵也自动停止，既保证了给水管道的压力、流量，又可节省能量。实际运用中，定量泵 P_2 与调节泵可以切换使用，总水泵可增至 3～4 台，仍只用一台调节泵。并且可以使每台泵起动时采用变频调节起动，起动后进入工频转速后再切换到工频运行，以减小起动电器的容量。

为此，要采用压力、流量的闭环调节。如图 5-30 所示，控制部分由控制器、定量泵控制器、变频器及压力检测等部分组成。控制器有压力设定输入，并采用压力传感器检测管道压力，反馈到控制器的另一输入端。控制器完成对定量泵的开、停逻辑控制及对变频器的调速控制。例如，当管道压力大于设定压力时，通过控制器的调节作用，使变频器的输出频率降低，M1减速，P1减速使管道压力下降，直到管道压力与压力设定值相等，反之亦然。

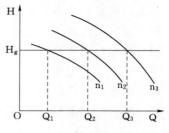

图 5-31 压力流量变化曲线

采用交流变频调速装置后，实现异步电动机转速可调。从而使离心泵可按给水量大小而调速运行，对应不同流量都能保持水压恒定。通过电动机调速，调节压力恒定的压力流量变化曲线 $H = f(Q)$，如图5-31所示。压力恒定下，24h内调节过程中流量变化曲线如图5-32所示，图中 $O \sim t_1$ 为晚上，$t_1 \sim t_2$ 为白天。

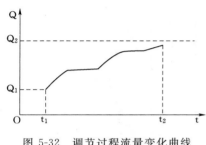

图 5-32　调节过程流量变化曲线

五、全自动变频调速给水设备

（一）概述

恒压变频供水装置是国际上80年代发展起来的新一代高科技产品，它采用了交流变频调速（PWM）技术和工业微机（PC）技术，对水泵供水系统中的电机泵组进行闭环控制的机电一体化成套设备，该设备根据供水系统中瞬时变化的流量与其相适应的压力两种参数，通过单片机（PC）和变频调节器（VVVF）自动调节水泵的转速和台数，改变水泵出口压力和流量，使供水系统管网中的末端压力（服务压力）保持恒定，使得整个供水系统始终保持高效节能的最佳状态。

该设备适用于以下范围：

（1）适用于日供水10万 m^3 以下的自来水厂及加压泵站。

（2）适用于居住区、宾馆、饭店及其它大型公共建筑的生活、消防供水。

（3）适用于大中小型工矿企业的生产（生活）供水。

（4）适用于输油管道、油库、油港恒压输油系统。

（5）适用于工矿业恒压冷却供水和循环供水系统及其它输液系统。

（6）可用于热水供应、采暖、空调、通风的供水、供气系统。

（二）特点

该装置具有以下特点：

（1）采用变频调速器，按需求设定压力，根据用水量的变化来调节电机泵的转速，使设备变量——变压或恒压供水，达到节能的目的。

（2）可以对多台泵组进行软起动，大大延长设备的电气寿命和机械寿命。

（3）该设备具有变频自动、工频自动、手动等操作运行方式互为备用，在任何故障情况下，能可靠地运行使系统不断水，适应各种复杂的工况需要。

（4）结构紧凑，占地面积少、投资省、安装简单，便于集中管理。

（5）采用微机控制，全自动运行，使用方便，运行可靠，管理简单，保护功能齐全。

（三）工作原理

该设备采用微机控制变频调速装置，具有控制水泵恒压和变压供水的功能。供水管网系统的流量和压力，是根据用水量的变化而随机变化的，通过安装在水泵出水管上的远传压力表，把出口压力变成 0~5V 的模拟信号，经微机运算并与给定参量进行比较，得到一调节参量，用该量去调节 VVVF，控制其输出频率的变化。用户的需水量与频率的变化成正比关系，用水多时，频率提高，电机转速加快，反之频率低，水泵电机处于低速状态，即保证用户的用水又节省了电能。

微机控制系统框图如图 5-33，电气原理图如图 5-34 所示。

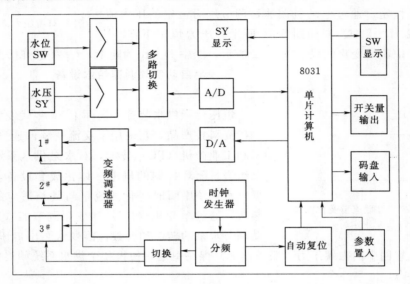

图 5-33　变频恒压供水控制系统框图

变频恒压调节给水设备控制电路整机运行原理如下：

（1）整机设备起动以后，第一台电机通过开关 QA1、KM1 和变频器 VVF 的输出端 U、V、W 得到逐渐上升的频率和电压而开始旋转并转速逐渐升高，电动机的这种起动方式通常称为软起动，当电机的转速升高到某值即电机转速响应到系统中预先设定的参数（如水泵系统中的设定压力）时稳定其转速而旋转，从而达到系统的平衡。这种过程是连续的动态平衡过程。

此时，转换开关 SA1 处于自动控制位置，系统处于微机 PC 的控制下。

（2）当参数增大到一定范围，电机转速随之响应到其额定转速，这时系统参数再增大，电机无法响应其参量变化时，系统中设定的参数无法保持，这时设备内的自动闭环控制系统发出上极限信号，通过开关和控制系统先断开第一台电机的交流接触器 KM2（KM3、KM4），断开其变频电源。此时，控制回路将输出控制信号，使与之对应的交流接触器 KM5（KM6、KM7）合上，将该电动机已在变频状态下达到工频运行的第一台电机自动切换到工频电源上继续工频运行。然后再用拖动第一台电机中退出的变频器通过控制回路自动接通交流接触器 KM3（KM4、KM5），去起动第二台电机。第二台至第三台电机仍重复上述的动作过程。

（3）当系统参量减少，变频运行的电机通过闭环系统和变频器 VVVF 响应其转速下降，转速下降到极限仍不能满足系统参量变化时，自动闭环系统发出下极限信号，按投入

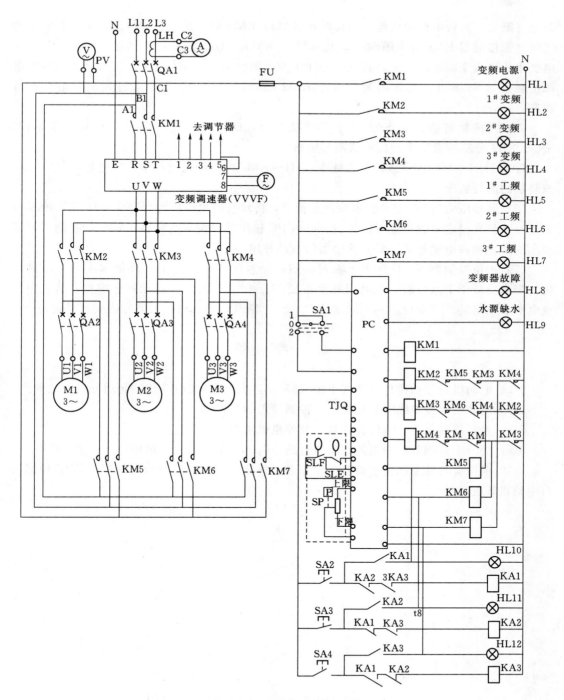

图 5-34 全自动变频调速给水设备电气控制原理图

相反的顺序依次退出先起动投入而运行长的电机。

（4）电路中交流接触器为保证在变频和工频切换时将变频电源和工频电源不同时合上，分别按逻辑关系以不同组合的辅助接点进行闭锁。例如第一台电机起动时，因 KM2

合上，第二、三台电机的变频电源接触器 KM3、KM4 必须是在断开状态，第一台电机的工频电源接触器 KM5 在断开状态，其 KM3、KM4、KM5 的常闭辅助接点闭合，第一台电机才能进入变频电源软起动状态。而在工频电源接触器 KM4 投入时，又必须在变频电源接触器 KM2 断开，其常闭辅助接点 KM2 闭合，第一台电机才能进入工频电源运行状态。

（5）当控制转换开关 SA1 处于手动状态时，此时可通过电机手动控制按钮 SA2、SA3、SA4 分别按需要手动投入或断开电机。

灯光 HL1～HL12 分别利用接触器 KM1～KM7 的辅助接点和中间继电器的接点反映该装置的运行状况。

（6）远传压力表 SP 安装在水泵出水管上，将水管的出口压力转变成为 0～5V 的模拟信号，和预先设定参数值进行比较后，微机 PC 输出信号调节变频器 VVVF，控制其输出频率的变化和各电机起动、断开接触器的自动开闭。

（7）水位控制器 SL 具有上下两对接点，参看图 5-34。用于反映供水水箱水位的变化。当水位低于下水位时，此时因补水不足 $SL_下$ 闭合，使装置自动停止运行，防止因无水电机水泵空转。当水位达到上限水位时，$SL_上$ 断开，装置可根据实际需要自动运行。

思 考 题

5-1　电动机的起动在什么情况下采取降压起动？鼠笼式电动机的起动方式有几种？

5-2　电动机的控制线路有几种？其控制原理如何？

5-3　水泵控制电路是如何保证自动开停机供水的？

5-4　交流变频调节控制电路在水泵电路中与上述水泵控制电路相比具有什么特点？

5-5　根据全自动变频给水设备工作原理，该装置是如何用一台变频器 VVVF 控制多台电动机软起动的？

附录　GGD型交流低压配电柜简介

一、概述

目前，低压配电柜广泛用于发电厂、变电站、厂矿企业、机关事业单位等电力用户的交流50Hz，额定工作电压380V，额定电流至3150A的低压配电系统中，供动力、照明及配电设备的电能转换、分配和控制之用。

因此，企事业单位配电工作人员必须掌握低压配电柜的性能、选择和使用等有关的技术知识和技能。

低压配电柜于1984年，由机械工业部天津电气传动研究所统一组织设计的PGL$_2^1$型取代原有的BSL和BDL型。能源部于1991年，为促进我国低压配电行业的技术进步，加快低压配电开关设备的更新换代，进行了研制设计，于1992年10月对新的低压配电柜GGD系列通过了能源部主持的部级鉴定，现已在全国范围广泛采用。

各型系列低压配电柜，其电气主接线的要求基本相同，区别在于各型系列的结构特点，组合方式、元件的选用型号。我们以GGD型系列交流低压配电柜为例，对其结构、性能、组合方案作一介绍，见附表1。

二、GGD型交流低压开关柜型号的含义

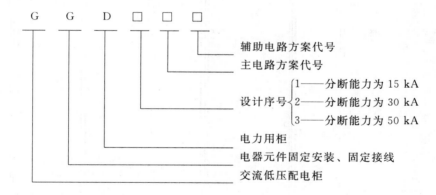

三、电气性能

（一）基本电气参数

（二）主电路方案

GGD柜的主电路共129个方案，298个规格。其中　GGD1型，49个方案，123个规格。GGD2型，53个方案，107个规格。GGD3型，27个方案，68个规格。

为适应无功补偿的需要还有GGJ1、GGJ2电容补偿柜，其主电路方案4个，共12个规格。

（三）主要电气元件选择

采用国内已能批量生产的较先进电气元件，如ME、DZ20、DWX15等自动开关；HD$_{13BX}$和HS$_{13BX}$型旋转操作式刀开关；专用的ZMJ型组合式母线夹和绝缘支撑件；专用的LMZ3D电流互感器等。

附表 1　　　　　　　　　　GGD 型交流低压配电柜基本电气参数

型　号	额定电压 （V）	额定电流 （A）		额定短路 关断电流 （kA）	额定短时 耐受电流 （1s，kA）	额定峰值 耐受电流 （kA）
GGD1	380	A	1000	15	15	30
		B	600（630）			
		C	400			
GGD2	380	A	1500（1600）	30	30	63
		B	1000（630）			
		C				
GGD3	380	A	3150	50	50	105
		B	2500			
		C	2000			

四、结构特点

户内安装，为开启式双面维修的低压配电装置。基本结构外形见附图 1，其采用通用柜的形式，构架用 8MF 冷弯型钢局部焊接组装而成，构架零件按模块原理设计，并有 20

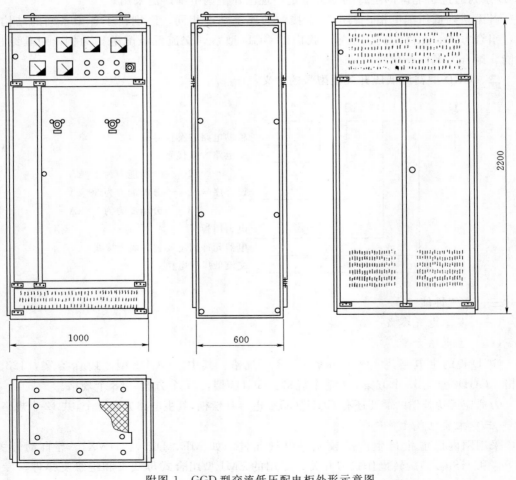

1000　　　　　　　600　　　　　　　　　　　　　　　　　2200

附图 1　GGD 型交流低压配电柜外形示意图

模的安装孔，可以通用。柜前上部有可开启的仪表板小门，可装设指示仪表，维修方便。在柜体上下两端均有散热槽孔，以达到自然散热的目的。

装有电器元件的仪表门用多股软铜线与构架间用滚花螺钉连接，整柜构成完整的接地保护电路。

该系列产品柜宽尺寸分 600、800、1000 mm 和 1200 mm4 种，每一个柜体都可作为一个独立单元，并且能以柜为单元组成各种不同的方案。

安装示意图见附图 2。

五、GGD1 型交流低压配电柜主电路和 GGJ 型低压无功功率补偿柜主电路

如附表 2、附表 3 所示。

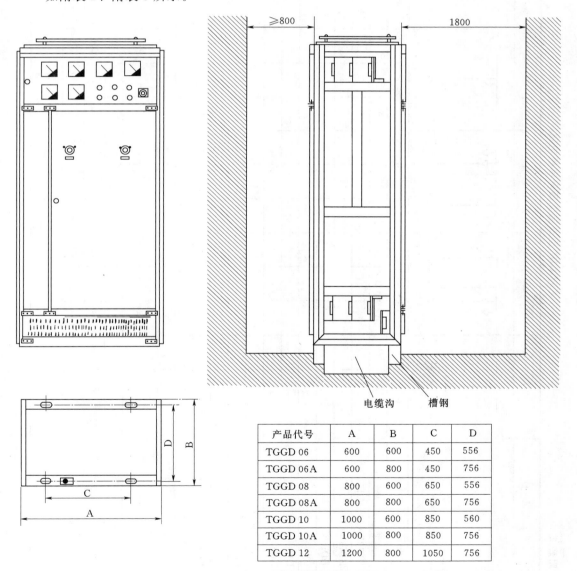

产品代号	A	B	C	D
TGGD 06	600	600	450	556
TGGD 06A	600	800	450	756
TGGD 08	800	600	650	556
TGGD 08A	800	800	650	756
TGGD 10	1000	600	850	560
TGGD 10A	1000	800	850	756
TGGD 12	1200	800	1050	756

附图 2　GGD 型交流低压配电柜安装示意图

附表 2

GGD1 型交流低压配电柜电路

主电路方案编号	01			02			03			04			05			06		
单线图																		
用途	受电			受电			受电			受电			受电		馈电	受电		
型号规格	A	B	C	A	B	C	A	B	C	A	B	C	A	B	C	A	B	C
HD13B×1000/31				1			1											
HD13B×600/31					1			1										
HD13B×400/31						1			1							2	2	2
DW15—1000/3[ ] 电动										1			1					
DW15—630/3[ ] 电磁											1			1				
DW15—400/3[ ] 电磁												1			1			
CJ20—400/3																2	2	2
CJ20—250/3																		
CJ20—160/3																		
LWZ1—0.66[ ]/5										1	1	1	3	3	3	2	2	2
LWZ3—0.66[ ]/5																		
(LWZ3D—0.66[ ]/5)																		
柜宽 (mm)	600	600	600	1000	800	600	1000	800	600	600	600	600	800	800	800	800	800	800
柜深 (mm)	600	600	600	600	600	600	600	600	600	600	600	600	600	600	600	600	600	600

备注：B,C 方案柜宽可为 600 mm

（左侧纵向栏目：主电路方案；主电路元件：型号规格；主电路断路器、元件）

主电路方案	型号规格	07 受电 A	07 受电 B	07 受电 C	07 联络 C	08 受电 A	08 受电 B	08 受电 C	08 联络 A	08 联络 B	08 联络 C	09 受电 A	09 受电 B	09 受电 C	09 联络 A	09 联络 B	09 联络 C	10 受电 A	10 受电 B	10 受电 C	10 联络 A	10 联络 B	10 联络 C	11 受电 A	11 受电 B	11 受电 C	11 联络 A	11 联络 B	11 联络 C	12 受电 A	12 受电 B	12 受电 C	12 联络 A	12 联络 B	12 联络 C
单 线 图																																			
用途		受电	受电	受电	联络	受电	受电	受电	联络	联络	联络	受电	受电	受电	联络	联络	联络	受电	受电	受电	联络	联络	联络	受电	受电	受电	联络	联络	联络	受电	受电	受电	联络	联络	联络
主电路电器元件	HD13BX—1000/31	1																						2						2					
	HD13BX—600/31		1																						2						2				
	HD13BX—400/31			1	1																					2						2			
	DW15—1000/3[ ] 电动					1			1			1			1			1			1			1			1			1			1		
	DW15—630/3[ ] 电磁						1			1			1			1			1			1			1			1			1			1	
	DW15—400/3[ ] 电磁							1			1			1			1			1			1			1			1			1			1
	LMZ1—0.66[ ]/5					3(4)	3(4)	3(4)	3(4)	3(4)	3(4)	3(4)	3(4)	3(4)	3(4)	3(4)	3(4)	3(4)	3(4)	3(4)	3(4)	3(4)	3(4)	3(4)	3(4)	3(4)	3(4)	3(4)	3(4)	3(4)	3(4)	3(4)	3(4)	3(4)	3(4)
	(LMZ3D—0.66[ ]/5)																																		
柜宽（mm）		600	600	600	600	800	800	800	800	800	800	1000	800	800	1000	800	800	1000	800	800	1000	800	800	1000	800	800	1000	800	800	1000	800	800	800	600	600
柜深（mm）		600	600	600	600	600	600	600	600	600	600	600	600	600	600	600	600	600	600	600	600	600	600	600	600	600	600	600	600	600	600	600	600	600	600
备注																																				

主电路方案编号	13			14			15			16			17			18		
主电路方案 单线图																		
用途	受电	联络		受电	备用		受电	备用		受电	备用					受电		
	A	B	C	A	B	C	A	B	C	A	B	C	A	B	C	A	B	C
HD13BX—1000/31	2																	
HD13BX—600/31		2															1	
HD13BX—400/31			2															
HS13BX—1000/31(41)				1			1			1								
HS13BX—600/31(41)					1			1			1							
HS13BX—400/31(41)						1			1			1						
DW15—1000/3[ ] 电动	1			1			1			1						1	1	
DW15—630/3[ ] 电磁		1			1			1			1							
DW15—400/3[ ] 电磁			1			1			1			1						
LMZ1—0.66[ ]/5	3[4]	3[4]	3[4]	3[4]	3[4]	3[4]	3[4]	3[4]	3[4]	3[4]	3[4]	3[4]				3[4]	3[4]	
(LMZ3D—0.66[ ]/5)																		
柜宽 (mm)	1000	800	800	1000	800	800	1000	800	800	1000	800	800				1000	800	
柜深 (mm)	600	600	600	600	600	600	600	600	600	600	600	600				600	600	
备注																		

154

主电路方案编号	19			20			21			22			23			24		
单线图							联络			联络　馈电			联络			馈电　备用		
用途	A	B	C	A	B	C	A	B	C	A	B	C	A	B	C	A	B	C
HD13BX—1000/31																		
HD13BX—600/31								2			2							
HD13BX—400/31									2			2						
HS13BX—1000/31(41)																1	1	
HS13BX—600/31(41)																1	1	
DZ10—600P/3[ ]										2	2	2						
DZ10—250/3[ ]																		
DZ10—100/3[ ]																		
JDG—0.5 380/100 V							2(3)	2(3)	2(3)									
RTO [ ]							3	3	3							3	3	
LMZ1—0.66[ ]/5										2	2	2				3	3	
LMZ3—0.66[ ]/5																		
柜宽 (mm)							1000	800	800	1000	600	800	600	600	600	600	600	
柜深 (mm)							600	600	600	600	600	600	600	600	600	600	600	
备注																		

主电路方案电器元件

155

主电路方案		25			26			27			28			29			30		
主电路方案编号		25			26			27			28			29			30		
单线图		(单线图)			(单线图)			(单线图)			(单线图)			(单线图)					
用途		馈电	备用		馈电		备用	馈电		备用	联络	备用	馈电	联络	备用	馈电	A	B	C
		A	B	C	A	B	C	A	B	C	A	B	C	A	B	C	A	B	C
主电路电器元件 / 型号规格	HD13BX—1000/31										1			1					
	HD13BX—600/31											1			1				
	HD13BX—400/31									1			1			1			
	HS13BX—1000 31(41)	1																	
	HS13BX—600 31(41)					1			1										
	HS13BX—400 31(41)						1												
	HS13BX—200 31(41)			1															
	DZ10—250 3[ ]	2	1		4	4	4	4	4	4	2			2					
	DZ10—100 3[ ]		1		4	4	4	3	3	3									
	LMZ1—0.66[ ]/5	2	2		4	4	4	4	4	4	2	2	2	2	2	2			
	LMZ3—0.66[ ]/5	2	2								2	2	2	2	2	2			
柜宽 (mm)		600	600	600	800	800	800	800	800	800	1000	800	800	1000	800	800			
柜深 (mm)		600	600	600	600	600	600	600	600	600	600	600	600	600	600	600			
备注																			

主电路方案	主电路方案编号		31			32			33			34			35			36	
	单线图								(图)			(图)			(图)			(图)	
用途			A	B	C	A	B	C	馈电		电	馈电		电	馈电		电	馈电	电
		型号规格							A	B	C	A	B	C	A	B	C	A	B	C
主电路电器元件	HD13BX—1000/31								1			1			1					
	HD13BX—600/31									1			1			1		1		
	HD13BX—400/31													1						
	HD13BX—200/31										1									
	DZ10—600P/3[ ]								1											
	DZ10—250/3[ ]								1	2		4	4		4	4		6		
	DZ10—100/3[ ]										2			2						
	LMZ1—0.66[ ]/5								1											
	LMZ3—0.66[ ]/5								1	2	2	4	4	2	3	3		3		
	(LMZ3D—0.66[ ]/5)																			
柜宽 (mm)									600	600	600	800	800	600	800	800		800		
柜深 (mm)									600	600	600	600	600	600	600	600		600		
备注									0512D.0519D.0525D			0513D.0520D			0509D.0521D			0524D		

157

主电路方案编号	37 A	37 B	37 C	38 A	38 B	38 C	39 A	39 B	39 C	40 A	40 B	40 C	41 A	41 B	41 C	42 A	42 B	42 C
用途	馈电			馈电			馈电			馈电			馈电			馈电		
型号规格																		
HD13BX—600/31																		
HD13BX—400/31	2	2			2		2	2		2	2		2	2		2	2	
HD13BX—200/31				2								2			2			2
DW15—630/3[ ] 电磁																1	1	
DW15—400/3[ ] 电磁																		
DZ10—250/3[ ]	2	2		2	2		4	4										
DZ10—100/3[ ]																		
RTO[ ]				6	6					6	6	6	12	12	12	3	3	3
LMZ3—0.66[ ]/5	2	2					4	4		2	2	2	4	4	4	4	4	4
(LMZ3D—0.66[ ]/5)																		
LJ—[ ]										2	2	2	4	4	4	2	2	2
柜宽 (mm)	800	600		800	600		800	600		800	800	800	800	800	800	800	800	800
柜深 (mm)	600	600		600	600		600	600		600	600	600	600	600	600	600	600	600
备注																		

主电路方案编号	43			44			45			46			47			48		
单线图																		
用途	馈 电			馈 电			馈 电			馈 电			馈 电			馈 电		
	A	B	C	A	B	C	A	B	C	A	B	C	A	B	C	A	B	C
HD13BX—600/31	1									2								
HD13BX—400/31		1																
HD13BX—200/31	1	1		3												3		
DW15—630/3[ ] 电磁	1	1																
DW15—400/3[ ] 电磁																		
CJ20—630/3										1								
CJ20—250/3										1						6		
CJ20—63/3																		
RTO[ ]	3	3	3	9						6						18		
JDG—0.5 380/100 V	2(3)	2(3)		2(3)														
(LMZ3D—0.66[ ]/5)	3	3		2						2								
LJ—[ ]	1	1		2						2								
柜宽 (mm)	800	800		800						800						800		
柜深 (mm)	600	600		600						600						600		
备注																		

159

主电路方案编号	49			50			51			52			53			54		
单线图																		
用途	馈电						照明			照明			照明			照明		
型号规格	A	B	C	A	B	C	A	B	C	A	B	C	A	B	C	A	B	C
HD13BX-600/31																		
HD13BX-400/31	2						1	1		1	1					2		
HD13BX-200/31									1			1						
HR5-630/3[ ]													1					
HR5-400/3[ ]														1				
HR5-200/3[ ]															1			
HG2-160																12		
CJ20-160/3	2																	
CJ20-63/3	4																	
RTO-[ ]	18						12	12	12	18	18	18	18	18	18			
SG-[ ]							4	4	4	6	6	6	1	1	1			
LMZ3-0.66[ ]/5																		
(LMZ3D-0.66[ ]/5)																		
柜宽(mm)	800						800	800	800	800	800	800	800	800	800	800		
柜深(mm)	600						600	600	600	600	600	600	600	600	600	600		
备注																		

160

主电路方案	主电路方案编号	55			56			57			58			59			60		
	单线图																		
	用途	馈电						馈电（电动机）			馈电（电动机）			馈电（电动机）			馈电（电动机）		
	型号规格	A	B	C	A	B	C	A	B	C	A	B	C	A	B	C	A	B	C
主电路电器元件	HR5—200/3[ ]							2	2		4	4					4	4	
	HR5—100/3[ ]													5	5				
	CJ10—100/3							2	2					2		2	4	4	
	CJ10—60/3											4		3		3			
	CJ10—40/3																		
	JR16—150/3D							2	2			4		2		2	2	2	
	JR16—60/3D													3		3	2	2	
	（LMZ3D—0.66[ ]/5）							2	2		4	4		5	5		4	4	
	LJ—[ ]							2	2		4	4		5	5				
	柜宽（mm）							800	800		800	800		800	800		800	800	
	柜深（mm）							600	600		600	600		600	600		600	600	
	备注																		

GGJ 低压无功功率补偿柜主电路方案

主电路方案编号	GGJ1—01			GGJ1—02			GGJ1—01			GGJ1—02		
主电路方案 单线图												
用途	无功补偿			无功补偿			无功补偿			无功补偿		
型号规格	A	B	C	A	B	C	A	B	C	A	B	C
HD13BX—1000/31							1	1	1	1	1	1
HD13BX—400/31	1	1	1	1	1	1						
LMZ2—0.66[ ]/5	3	3	3	3	3	3	3	3	3	3	3	3
aM3—32	30	24	18	30	24	18	30	24	18	30	24	18
FYS—0.22	3	3	3	3	3	3	3	3	3	3	3	3
CJ16—32/[ ]	10	8	6	10	8	6	10	8	6	10	8	6
JR16—60/32	10	8	6	10	8	6	10	8	6	10	8	6
DWB—2N	1	1	1				1	1	1			
BCMJ04—16—3	10	8	6	10	8	6	10	8	6	10	8	6
(BW04—16—3)	(10)	(8)	(6)	(10)	(8)	(6)	(10)	(8)	(6)	(10)	(8)	(6)
柜宽（mm）	1000	800	800	1000	800	800	1000	800	800	1000	800	800
柜深（mm）	600	600	600	600	600	600	1000	600	600	600	600	600
备注	主柜			辅柜			主柜			辅柜		

（主电路方案 / 主电路电器元件 — 表格左侧纵向分类标题）